Erhard Maria Klein

Die Bienenkiste

Selbst Honigbienen halten –
einfach und natürlich

illustriert von Karin Bauer

pala
verlag

für Britta

Inhalt

Wie fange ich an?

Faszination Bienen

Warum interessieren Sie sich für Bienenhaltung? Wenn ich diese Frage stelle, höre ich oft, dass eine persönliche unmittelbare Begegnung mit Bienen den ersten Anstoß dazu geliefert hat. Vielleicht hatte der Großvater Bienen gehalten oder man war dabei, als ein Imker einen Bienenschwarm eingefangen hatte. Vielleicht war man auch mit seinen Kindern bei einer Veranstaltung des örtlichen Imkervereins, wo gemeinsam Honig geschleudert wurde.

Bienen üben auch heute noch eine starke Faszination aus. Wer einmal mit einem Imker zusammen einen Bienenstock geöffnet hat, von Hunderten friedlicher Bienen umschwärmt worden ist und den aromatischen Duft des Bienenstocks eingeatmet hat, steht in der Gefahr, sein Herz an diese wundervollen Geschöpfe zu verlieren.

Mein Weg zu den Bienen

Für mich schließt sich mit diesem Buch ein Kreis, der mit einem Zufallsfund auf dem Büchertisch der Hamburger Uni 1995 begonnen hat: Mein Interesse für Bienen wurde durch das Buch »Selbstversorgung in der Stadt« von Helga und William Olkowski geweckt (wie dieses Buch erschienen im pala-verlag). Dieses Thema interessierte mich zu dieser Zeit sehr. Meine Frau und ich hatten uns gerade einen Kleingarten mitten im Hamburger Stadtgebiet zugelegt und in kleinem Rahmen angefangen, Gemüse anzubauen. Als Nächstes mussten Tiere her. Bienen erschienen mir als interessante Nutztiere für die Stadt, weil sie ihren Nektar und Pollen überall sammeln – also nicht nur auf das eigene Grundstück angewiesen sind – und verhältnismäßig wenig Betreuung benötigen.

Ich machte einen Anfängerkurs in konventioneller Bienenhaltung mit sogenannten »Segeberger Magazin-Bienenkästen« bei einem Hamburger Imkerverein. Gleichzeitig informierte ich mich über alternative Konzepte und besuchte das jährlich stattfindende »Faschingsseminar« des ökologischen Imkerverbands Mellifera e.V., bei dem »wesensgemäße Bienenhaltung« gelehrt wird. Mir war sofort klar, dass diese Art der Bienenhaltung eher meinen Vorstellungen entspricht. Das Faschingsseminar fand – wie der Name sagt – in der Faschingswoche statt, noch bevor die Bienensaison richtig begann. Ich hatte also noch Zeit, mir die speziellen Bienenkästen (»Einraumbeuten«), die dort empfohlen wurden, zu besorgen und mich um Bienenschwärme zu bemühen. So kam es, dass ich gleichzeitig die konventionelle Bienenhaltung im Magazin und die wesensgemäße Bienenhaltung kennenlernte. In dem Imkerkurs erlernten wir alle Eingriffe in das Bienenvolk, die nötig sind, um erfolgreich im Magazin imkern zu können. Zuhause im Kleingarten hatte ich drei Naturschwärme in Einraumbeuten. Ich hatte einen direkten Vergleich: Beim Imkerkurs waren alle Kursteilnehmer mit Schutzkleidung vermummt. Die Bienen wirkten unruhig und bei mir blieb nach den Praxistagen immer ein gemischtes Gefühl zurück. Meine eigenen drei Bienenvölker, die ihre Waben selbst bauen durften und Zeit hatten, sich zu entwickeln, reagierten viel sanftmütiger, wenn ich die Kästen zur Kontrolle öffnete. Die Atmosphäre war eine ganz andere. Die Bienen zu besuchen, hatte etwas Beruhigendes, fast Meditatives. Mehrere Jahre habe ich dann Bienen in Einraumbeuten gehalten und gelernt, Bienenvölker natürlich zu vermehren, gesund zu erhalten und Honig zu ernten. Im Prinzip war ich mit dem wesensgemäßen Ansatz zufrieden, bei dem es darum geht, der natürlichen Lebensweise der Bienen so weit wie möglich zu entsprechen. Die Bienenvölker dürfen sich z. B. auf natürliche Art vermehren, können ihre eigenen Waben bauen, statt auf industriell vorgefertigten Wachsplatten leben zu müssen, und man lässt ihnen ihren eigenen Honig als Wintervorrat, statt ihnen alles zu nehmen und dann Zuckerwasser als billigen Ersatz zu geben. Trotzdem kam ich nach einiger Zeit ins Grübeln. Jede Art von Bienenwohnung erfordert eine bestimmte Betreuungsweise und verfolgt bestimmte Ziele. Auch bei dieser eher wesensgemäßen Art, Bienen zu halten, spielte der Wunsch, Honig zu ernten, eine wichtige Rolle. Der Betreuungsaufwand war nach meinem Gefühl dafür, dass es sich bei Bienen um wilde Tiere handelt, die eigentlich auch unbetreut leben könnten, zu hoch. Für Berufs- oder Nebenerwerbsimker, die Honig verkaufen wollen, ist es bestimmt sinnvoll, so zu imkern. Aber mir ging es ja gar nicht in erster Linie um den Honig. Das anfängliche Motiv der »Selbstversorgung« hatte sich im Laufe der Jahre etwas relativiert und – mittlerweile berufstätig – habe ich mich gefragt, wie sinnvoll es ist, viel Zeit in die Bienenhaltung zu investieren und dann große Mengen an Honig zu produzieren, den ich dann für einen Preis verkaufen muss, der in keinem Verhältnis zu meiner Arbeitszeit steht.

Es ist wundervoll, aromatischen »Bio«-Honig für den Eigenbedarf zu ernten und Überschüsse an die Familie und gute Freunde verschenken zu können. Mehr Honig will ich aber eigentlich gar nicht haben. Und mindestens genauso schön ist es, Zeit zu haben, um vor dem Flugloch sitzen zu können und den Bienen beim Hinein- und Herausfliegen zuzuschauen. Mir war inzwischen auch klar geworden, dass der eigentliche Wert der Honigbienen in der Bestäubung von Nutz- und Wildpflanzen liegt. Sie leisten damit einen unersetzlichen Beitrag zum Erhalt unserer Kulturlandschaft und der Artenvielfalt: Wegen ihrer großen Zahl und der Blütenstetigkeit – sie besuchen bei einem Sammelflug nur Blüten einer Art – sind sie

11

wesentlich effizienter als Wildbienen oder Hummeln. Deshalb reicht es zur flächendeckenden Bestäubung auch nicht, nur Wildbienenhotels aufzustellen.

Ich machte mich auf die Suche nach einer noch einfacheren, extensiven Art der Bienenhaltung, die unseren heutigen Lebensbedingungen und Erwartungen an eine Freizeitbienenhaltung im kleinen Maßstab eher entspricht. Mittlerweile arbeitete ich ehrenamtlich für Mellifera e. V., und immer, wenn sich Gelegenheit bot, diskutierte ich mit dem Leiter des Vereins, Imkermeister Thomas Radetzki, verschiedene Konzepte und Ideen. Irgendwann, bei der Vorbereitung eines Vortrags, erinnerte er sich an den Krainer Bauernstock und schrieb mir eine E-Mail:»Der Krainer Bauernstock ist doch genau das, was du suchst!«

Der Krainer Bauernstock

Der Krainer Bauernstock ist eine traditionelle Bienenbehausung, die seit über 300 Jahren im Gebiet der Krain (im heutigen Slowenien) verwendet wird. Es handelt sich um längliche flache Holzkisten, in die die Bienen ihre Naturwaben fest einbauen. Es ist unbestritten, dass dieser sogenannte»Stabilbau« – also ein unbewegliches geschlossenes Wabenwerk, in dem die Bienen ungestört leben können –, am ehesten ihren natürlichen Bedingungen entspricht. Wilde Bienenvölker siedeln oft in Baumhöhlen und bauen dort ihre Waben fest hinein.

Stabilbau mag nun zwar den natürlichen Bedürfnissen der Bienen optimal entsprechen, ist aber eher problematisch, wenn man Honig ernten oder Krankheitsvorsorge betreiben will. In der heute üblichen Art der Bienenhaltung hat man dieses Problem durch »Mobilbau« mit beweglichen Waben gelöst. Die Bienen bekommen Holzrähmchen mit vorgeprägten Wachsplatten (»Mittelwänden«) vorgegeben. Sie ermöglichen eine sehr effiziente, standardisierte Hochleistungsbienenhaltung. Der Organismus Bien (siehe Seite 19) ist zum Baukasten mit austauschbaren Elementen, beispielsweise

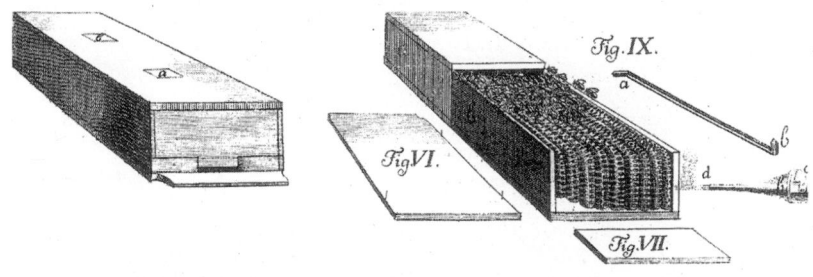

Die flache Bauweise des Krainer Bauernstockes erlaubt einen guten Einblick in das Bienenvolk. Die historische Abbildung von Anton Janscha zeigt den abnehmbaren Boden und die fest eingebauten Naturwaben.

Waben, Königin oder Arbeitsbienen, geworden. Das setzt beim Imker viel Fachwissen voraus, damit diese Art der intensiven Bienenhaltung überhaupt gelingt. Für den Bien bedeuten die Eingriffe in seinen (Waben-)Körper vermehrten Stress.

Die Erfinder des Krainer Bauernstocks hatten einen anderen Weg eingeschlagen, der das Bienenvolk als einen Organismus ernster nimmt, trotzdem gute Einblicke in das Volk hinein gewährt und eine einfache Betreuung ermöglicht. Die Bienen möchten, dass ihre Waben frei schwingen können, da sie auch über Schwingungen auf den Waben kommunizieren. Sie befestigen ihre Waben daher nur oben und nötigenfalls an den Seiten ihrer Behausung. Die Wabenunterkante wird nicht am Boden angebaut, solange das aus Stabilitätsgründen nicht nötig ist. Waben bis zu einer Höhe von etwa 20 cm können den eingelagerten Honig ohne weitere Stabilisierung sicher tragen. Diese Beobachtung hatte damals dazu geführt, eine relativ flache Bienenwohnung zu entwickeln.

Da ein bestimmtes Volumen nötig ist und Bienen große zusammenhängende Wabenflächen lieben, war dabei eine niedrige, längliche Kiste herausgekommen. Der Boden blieb beweglich und konnte abgenommen werden, um von unten in das Bienenvolk schauen zu können. Die große Oberfläche führte dazu, dass man, ohne Waben bewegen zu müssen, auf einen Blick sehr viel vom Bienenvolk zu sehen bekam. Es war möglich, einige Zentimeter tief zwischen die Waben hineinzuschauen, und man konnte aufgrund der niedrigen Wabenhöhe auch direkt in den Brutbereich sehen. So konnte man beispielsweise einfach beurteilen, in welchem Zustand sich das Bienenvolk befand. Die längliche Bauweise führte außerdem dazu, dass auf ganz natürliche Weise die Honigüberschüsse getrennt vom Brutnest am hinteren Ende der Kiste abgelagert wurden. Dies ermöglichte eine einfache Honigernte.

Wenn man einen Krainer Bauernstock öffnet, erlebt man das Bienenvolk stets als Ganzes – als Organismus, als Bien. Man braucht das Bienenvolk nicht erst in seine Einzelteile zu zerlegen und – wie im Magazin – Waben herauszunehmen, um seinen Zustand beurteilen zu können.

Die Bienenkiste

Thomas Radetzki und ich haben am Grundkonzept des Krainer Bauernstocks nichts geändert, aber einige Verbesserungen im Blick auf die Handhabbarkeit eingeführt: Ein Ständer und der Dachüberstand ermöglichen es, die Kiste aufrecht zu stellen, um den Boden abnehmen zu können. Sie müssen die Kiste also nicht mehr komplett anheben und umdrehen, sondern können sie einfach am hinteren Ende hochkippen. Das ist auch ohne große körperliche Kräfte zu bewältigen. Der Boden ist mit modernen Beschlägen befestigt und kann mit einem Handgriff abgenommen werden.

Im Krainer Bauernstock haben die Bienen ihre Waben noch direkt innen an das Kistendach angebaut. In der Bienenkiste befestigen wir dagegen innen am Dach Holzleisten mit Wachsleitstreifen und sorgen so dafür, dass die Waben – falls nötig – einfach an diesen Leisten entnommen und auch wieder eingesetzt werden können. Anders als beim traditionellen Stabilbau müssen Sie also keine Waben aus dem Bienenvolk herausschneiden.

Die Trägerleisten vereinfachen auch die Honigernte wesentlich. Wir haben das Volumen so bemessen, dass den Bienen genug eige-

*Die Bienenkiste wurde nach dem Vorbild des Krainer Bauernstocks
entwickelt. Die Betreuung der Bienen, Varroabehandlung und Honigernte
sind damit einfacher geworden, das Grundkonzept ist geblieben.*

ner Honig für den Winter verbleibt. Es gibt eine zusätzliche Kammer, die nur in der Honigsaison geöffnet wird und die Bienen dazu animiert, noch zusätzliche Vorräte einzulagern, sodass Sie – je nach Vegetationsbedingungen – etwa 15 Kilogramm Honig für den Eigenbedarf entnehmen können.

Den ersten Prototypen habe ich 2006 in Betrieb genommen. Ich war sofort sehr begeistert von der einfachen und ganzheitlichen Art, mit dem Bienenvolk umzugehen. Das Hochstellen der Kiste und Abnehmen des Bodens stört die Bienen kaum, weil man dabei ihren Wabenkörper nicht antasten muss. Sie bleiben daher auch spürbar ruhiger und friedfertiger. Nachdem ich einige Jahre Erfahrungen gesammelt und vor allem die Behandlungsmöglichkeiten gegen die Varroamilbe und die Honigernte optimiert hatte, wurde das Konzept 2009 von Mellifera e. V. erstmals öffentlich vorgestellt. Das Interesse war groß und es zeigte sich, dass tatsächlich viele Menschen auf der Suche nach einer einfacheren Art der Bienenhaltung sind. In Hamburg bildete sich ein Kreis mit engagierten Anfängern, die sich als »Pioniere« auf die Bienenkiste eingelassen hatten und wertvolle Anregungen lieferten. Derzeit werden schätzungsweise einige Hundert Bienenkisten jährlich neu in Betrieb genommen.

Alternative Freizeitbienenhaltung

Heute können wir beobachten, wie überall in der Welt Menschen mit extensiveren Haltungsformen experimentieren. Die Bienenkiste ist nur ein Teil einer neuen globalen Bewegung alternativer Bienenhaltung. Angesichts der überalterten Imkerschaft und der großen Nachwuchssorgen in den Imkervereinen konnte ich daher anfangs überhaupt nicht verstehen, warum in manchen Imkerkreisen eine große Ablehnung gegen die Bienenkiste herrscht. Ich musste erst einmal erkennen, dass viele konventionelle Imker ganz andere Erwartungen an die Bienenhaltung haben als ich. Ich möchte die Bienen so weit wie möglich in Ruhe lassen, weil das ihnen und mir Stress erspart. Ich freue mich über meinen eigenen Honig und darüber, dass die Pflanzen in meiner Umgebung gut bestäubt werden. Durch die natürliche Vermehrung, die ich ermögliche, trage ich außerdem dazu bei, die genetische Vielfalt der Honigbiene zu erhalten.

Viele herkömmliche Imker haben eine etwas andere Perspektive. Sie betreuen vielleicht zehn bis 50 Bienenvölker und produzieren im Nebenerwerb Honig zum Verkauf. Oder sie betreiben die Bienenhaltung als Hobby im eigentlichen Sinne: Sie haben Freude daran, an ihren Bienenvölkern »herumbasteln« zu können. Eine Bienenhaltung, bei der das nicht vorgesehen und möglich ist, erscheint ihnen nicht besonders attraktiv und sinnvoll. Außerdem kennen sie oft nur ihre intensive Art der Bienenhaltung und haben kaum Erfahrungen mit Naturwabenbau und Schwarmvermehrung. Sie können sich gar nicht vorstellen, dass das funktioniert. Sie haben im Laufe der Jahrzehnte gelernt, ihre Art der Bienenhaltung zu perfektionieren und wissen, wie viel Erfahrung dazu nötig ist, dass sie gut gelingt. Manche Imker befürchten daher, dass eine einfachere Bienenhaltung in der Bienenkiste dazu führen wird, dass verantwortungslose Anfänger, die auf den »Modetrend Bienenhaltung« aufgesprungen sind, schnell wieder das Interesse verlieren oder überfordert sind und ihre Bienenstände verwahrlosen und so zu Brutstätten von Krankheiten werden lassen.

Dieses Buch soll das nötige Wissen vermitteln, dass Ihnen die Bienenhaltung in der Bienenkiste gut gelingt und Sie und Ihre konventionellen Nachbarimker viel Freude daran haben. Schön wäre außerdem, wenn es dazu beiträgt, dass sich Naturfreunde-Bienenhalter und Nebenerwerbsimker besser verstehen und respektieren.

Die Bienenhaltung ist eine wundervolle Freizeitbeschäftigung. Wer sich auf die Welt der Honigbiene (zoologisch: *Apis mellifera* = die honigtragende Biene) einlässt, wird anfangen, die Natur und den Wechsel der Jahreszeiten viel bewusster zu erleben. Sie werden unscheinbare Pflanzen entdecken und Bäume unterscheiden lernen. Sie werden von einer Wolke von Bienen umgeben sein und sich wohl dabei fühlen. Sie werden die Welt aus der Perspektive der Biene kennenlernen und ein tieferes Verständnis für ökologische Zusammenhänge gewinnen. Mit keinem anderen Tier hat man in unserer modernen urbanen Welt die Möglichkeit, so unmittelbar Natur zu erleben.

Der Bien

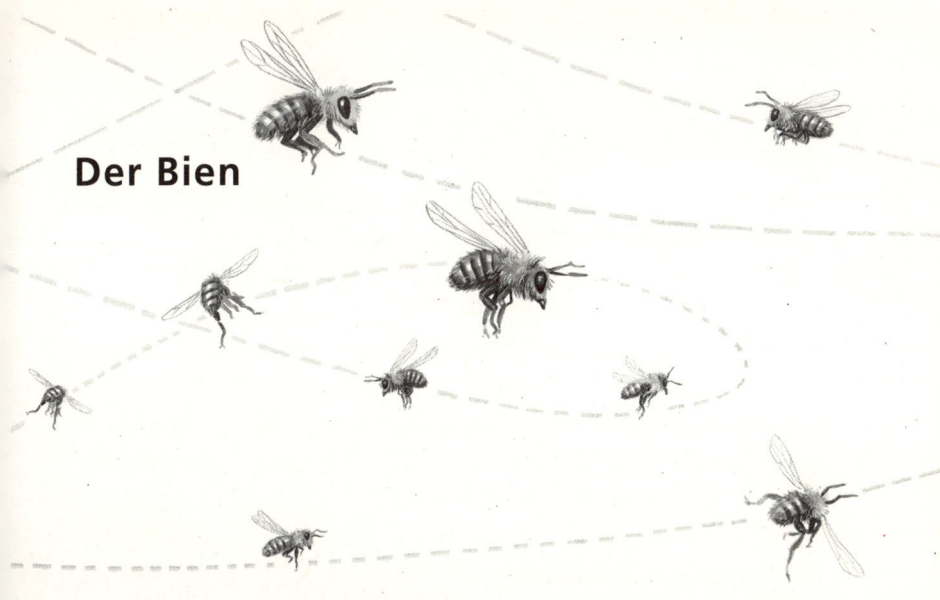

Das Bienenvolk wird traditionell auch »der Bien« genannt. Damit soll zum Ausdruck gebracht werden, dass das Bienenvolk als Ganzes einen Organismus darstellt. Die Einzelbiene kann alleine nicht überleben. Erst im Zusammenspiel von Königin, Zehntausenden Arbeiterinnen und Tausenden Drohnen entwickelt das Bienenvolk seine faszinierenden Eigenschaften, die in manchen Punkten sogar mit denen von Säugetieren vergleichbar sind: Beide haben eine sehr niedrige Vermehrungsrate, sind relativ unabhängig von den Umweltbedingungen, halten die Körpertemperatur bei etwa 36 Grad Celsius und ernähren ihre Nachkommen mit selbst erzeugter Muttermilch – bei den Bienen ist es streng genommen »Schwesternmilch«, ein Futtersaft, den die Ammenbienen in speziellen Drüsen erzeugen. Wenn wir in diesem Bild bleiben, können die Arbeitsbienen mit den Körperzellen eines Säugetiers verglichen werden, wobei die Waben dem Knochenbau entsprechen.

In der Bienenkiste versuchen wir dieser Tatsache Rechnung zu tragen und betrachten das Bienenvolk stets als einen Organismus. In der konventionellen Bienenhaltung hat es sich dagegen durchgesetzt, den Bien als eine Art Baukasten zu betrachten, dessen einzelne Teile (Waben, Königin, Arbeiterinnen aus verschiedenen Völkern usw.) frei kombiniert werden können, um ein möglichst gutes Betriebsergebnis zu erzielen.

Ein Bienenvolk kann theoretisch ewig leben. Die Einzelbienen werden – wie Körperzellen – ständig erneuert. Auch altes Wabenwerk können die Bienen selbst erneuern, wenn es durch häufiges Bebrüten zu eng geworden ist. Sie nagen dann das Wachs dieser Waben ab und bauen sie neu auf. Es gibt also keinen regulären Alterstod des Biens. Wenn ein Bienenvolk stirbt, dann durch ungünstige Umweltbedingungen oder Krankheiten.

Außer in wenigen Monaten im Winter findet eine permanente Erneuerung der Arbeitsbienenpopulation statt. Die Sommerbienen leben im Schnitt nur etwa vier Wochen. Die Königin legt beständig neue Eier, aus denen neue Bienen heranwachsen. Im Frühjahr legt sie mehr Eier, als Bienen sterben, und das Volk wächst auf über 40 000 Individuen heran. Nach der Sommersonnenwende legt sie weniger Eier, als Bienen sterben, und das Volk schrumpft auf rund 10 000 Bienen. Ab Ende November wird gar keine neue Brut mehr gepflegt. Die letzten Bienen, die heranwachsen, sind die langlebigen Winterbienen, die den gesamten Winter überdauern können.

Die Königin, auch Weisel genannt, lebt bis zu fünf Jahre und ist neben dem Wabenwerk der Faktor, der einem Bienenvolk über Jahre hinweg Kontinuität verleiht. Wir können außerdem davon ausgehen, dass auch eine Art erworbenes »Wissen« im Bienenvolk über Generationen weitergegeben wird.

Männliche Bienen, die Drohnen, gibt es nur während der Fortpflanzungsphase ab etwa Ende April. Nach der Sommersonnenwende Ende Juni werden sie nicht mehr länger im Bienenvolk geduldet und von den Arbeiterinnen aus dem Stock verdrängt. Außerhalb des Stocks können die Drohnen nicht überleben und müssen sterben.

Vor dem Entwicklungshöhepunkt im Juni will sich das Bienenvolk durch Teilung vermehren. Die Bienen bauen zapfenförmige, nach unten weisende Weiselzellen, in denen zukünftige Königin-

Entwicklung im Jahreslauf

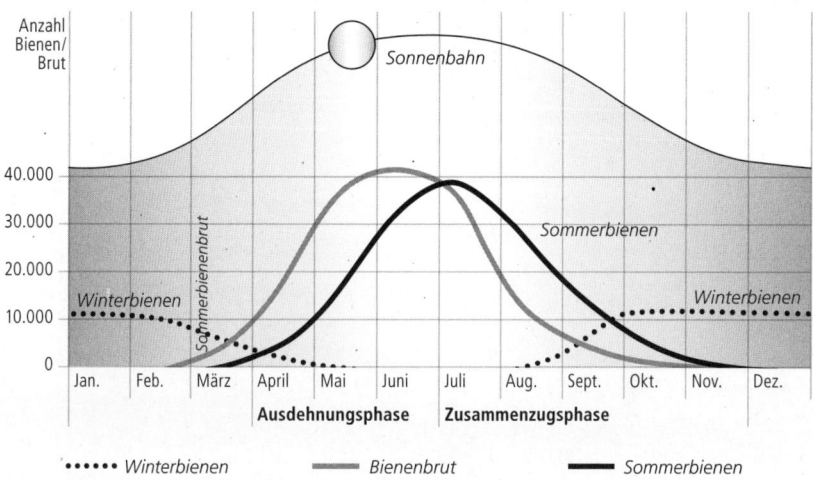

| | Winterbienen | ▬▬▬ Bienenbrut | ▬▬▬ Sommerbienen |

Im Sommer wächst der Bien auf über 40 000 Individuen heran. Nach der Sonnenwende legt die Königin weniger Eier, als Bienen sterben, das Volk schrumpft. Nur die Winterbienen überleben die kalte Jahreszeit. (nach: Matthias Lehnherr, Imkerbuch)

nen heranwachsen. Bevor die erste Prinzessin schlüpft, verlässt etwa die Hälfte der Bienen mit der alten Königin den Bienenstock und sucht sich eine neue Nisthöhle. Man bezeichnet diesen Vorgang als »Schwärmen«. Im Restvolk schlüpft eine neue Königin, die zuerst ihren Hochzeitsflug unternehmen muss, um außerhalb des Stocks an sogenannten »Drohnensammelplätzen« in der Luft von mehreren Drohnen begattet zu werden. Sie bewahrt das Sperma während ihrer gesamten Lebensdauer in einer Samenblase auf und kann selbst steuern, ob das Ei befruchtet oder unbefruchtet ist. Aus den befruchteten Eiern entstehen Arbeiterinnen und Königinnen und aus den unbefruchteten Eiern Drohnen.

Im Winter zieht sich das Bienenvolk ganz eng zur kugelförmigen »Wintertraube« zusammen. Die Bienen leben in dieser Zeit vom eingelagerten Honig und erzeugen Wärme durch Muskelkontraktion. Die Bienen, die ganz außen sitzen, tauschen ständig den Platz mit Bienen aus dem warmen Inneren. So kann ein Bienenvolk auch

Temperaturen im zweistelligen Minusbereich problemlos überstehen. Im Zentrum der Wintertraube, wo sich die Königin aufhält, sind es stets mindestens 20 Grad Celsius.

Die drei Bienenwesen

Die Bienen bauen Wabenzellen in zwei Größen. In den kleineren Zellen mit einem Durchmesser von 5,3 mm wachsen Arbeiterinnen heran. Von den größeren Zellen mit einem Durchmesser von 6,9 mm gibt es bedeutend weniger. Sie sind für die Drohnen vorgesehen. Bei Bedarf werden außerdem an den Wabenkanten noch einige der zapfenförmigen Weiselzellen gebaut, die etwa 25 mm lang werden können.

Die Königin erkennt die Größe der Zelle und legt in Arbeiterinnen- und Weiselzellen befruchtete und in Drohnenzellen unbefruchtete Eier. Drohnen haben daher nur einen Chromosomensatz *(haploid)* und besitzen genetisch keinen Vater. Man nennt dieses Phänomen in der Biologie Jungfernzeugung *(Parthenogenese)*.

Die Eier sind etwa 1 mm lang, weiß und stiftförmig. Nach wenigen Tagen entwickelt sich aus dem Ei eine kleine Larve, die beständig von Ammenbienen mit Futtersaft versorgt wird. Neun Tage nachdem das Ei gelegt worden ist, wird die Brutzelle mit einem porösen Wachsdeckel überzogen. Die Made dreht und streckt sich mit dem Kopf in Richtung Zelldeckel und spinnt sich in einen Kokon ein. Aus ihr entwickelt sich die Puppe, die bereits Ähnlichkeit mit einer erwachsenen Biene aufweist, aber noch komplett weiß gefärbt ist. Erst kurz vor dem Schlupf bekommt die Biene ihre dunkle Farbe. Sie nagt den Zelldeckel auf und kriecht aus ihrer Zelle.

Das Ei einer Königin unterscheidet sich nicht von dem einer Arbeiterin. Es gibt zwei Faktoren, die steuern, dass aus einem Ei statt einer Arbeiterin eine Königin heranwächst: Die Weiselzellen haben eine andere Form und die Made wird mit einem speziellen, sehr nahrhaften Futtersaft – dem berühmten»Gelee Royal« – gefüttert. In Notsituationen, wenn die Königin im Bienenvolk verloren

Der Körperbau der Bienenwesen

 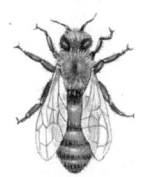 

Königin	Arbeiterinnen	Drohnen
25 mm lang	15 mm lang	20 mm lang
langer Hinterleib	schlanker Hinterleib	breiter Hinterleib
lange Beine	Sammelbeine mit	männliches
voll entwickelte	»Körbchen«	Geschlechtsorgan
Eierstöcke	verkümmerte	kein Stachel
Stachel	Eierstöcke	große Augen
	Stachel	und lange Fühler

gegangen ist, machen sich die Bienen diesen Umstand zunutze und wählen ein paar junge Arbeiterinnen-Maden aus, bauen die Wachszellen nachträglich zu Weiselzellen um und füttern die Maden wie eine Königin. Die auf diesem Weg entstandenen Königinnen nennt man »Nachschaffungsköniginnen«.

Bei Königinnen dauert die Entwicklungszeit 16 Tage, bei Arbeiterinnen 21 Tage und bei Drohnen 24 Tage.

Die Königin

Die Bezeichnung »Königin« führt etwas in die Irre. Sie ist eher die Stockmutter als eine Regentin. Im Bienenvolk entscheiden die Arbeiterinnen gemeinsam, was zu tun ist. Die Königin sichert durch ihre beständige Legetätigkeit den Fortbestand des Bienenvolks und sorgt über ein spezielles Pheromon für den Zusammenhalt des Biens.

Die Königin hat einen »Hofstaat« von Arbeiterinnen, die sie rund um die Uhr mit Futter versorgen, putzen und ihren Kot ent-

sorgen. Sie kann in Spitzenzeiten bis zu 2000 Eier am Tag legen –
mehr als ihr eigenes Körpergewicht. Sie verlässt während ihres
Lebens nur zu zwei Anlässen den Stock: Einige Tage nach dem
Schlupf unternimmt sie einen oder mehrere Hochzeitsflüge, um
von Drohnen begattet zu werden. Das nächste Mal verlässt sie den
Stock erst wieder, wenn das Volk schwärmen will. Die Königin
wird kurz vorher von den Arbeiterinnen auf Diät gesetzt, damit sie
überhaupt eine längere Strecke fliegen kann.

Die Arbeiterinnen

Eine Arbeiterin hat während ihres kurzen Lebens verschiedene Aufgaben. In den ersten Tagen reinigt sie Zellen, danach wird sie etwa
eine Woche Ammenbiene und füttert die Maden. Später ist sie für
die Produktion und Einlagerung des Honigs zuständig und wird
dann zur Baubiene, die Wachsschuppen absondern und verbauen
kann. Es schließen sich Wächterdienste am Flugloch an. Erst nach
etwa drei Wochen wird sie zur Sammelbiene und verlässt den Stock,
um Nektar, Pollen, Wasser und Propolis zu sammeln.

Das ist aber nur ein grober Abriss. Es gibt für jedes spezielle Problem im Bienenstock Spezialistinnen, wie z. B. Heizerbienen, die die
Brut wärmen, und »Telefonnetzflickerinnen«, die für eine ungehin-
derte Ausbreitung von Schwingungen auf den Waben sorgen, die
die Bienen zur Kommunikation verwenden.

Faszinierend ist, dass es niemanden gibt, der diese Arbeiten
koordiniert. Die Einzelbiene erkennt, was getan werden muss, und
kümmert sich darum, sofern sie dazu fähig ist. Das Alter der Biene
ist nur ein Faktor, der bestimmt, was die Biene tun kann. Es gibt
innerhalb der Altersgruppe ein gewisses Spektrum an Fähigkeiten
und Sensibilität. Je wärmer es z. B. im Stock wird, desto mehr Bienen
fühlen sich dazu berufen zu kühlen. Es gibt Bienen, denen es schnell
zu warm wird und die deshalb schnell anfangen zu kühlen, und
andere, die erst bei etwas höheren Temperaturen diesem Impuls folgen. Diese Art, gemeinsam das Leben zu organisieren, kann sogar
noch flexibler gestaltet werden. Wenn es für eine bestimmte Auf-

	Königin	Arbeiterinnen	Drohnen	
1				Ei
2				
3				
4				Rundmade
5				
6				
7				
8				
9				Streckmade
10				(Verdeckelung)
11				
12				
13				Puppe
14				
15				
16				
17				Imago
18				(Schlupf)
19				
20				
21				
22				
23				
24				
Tag				

25

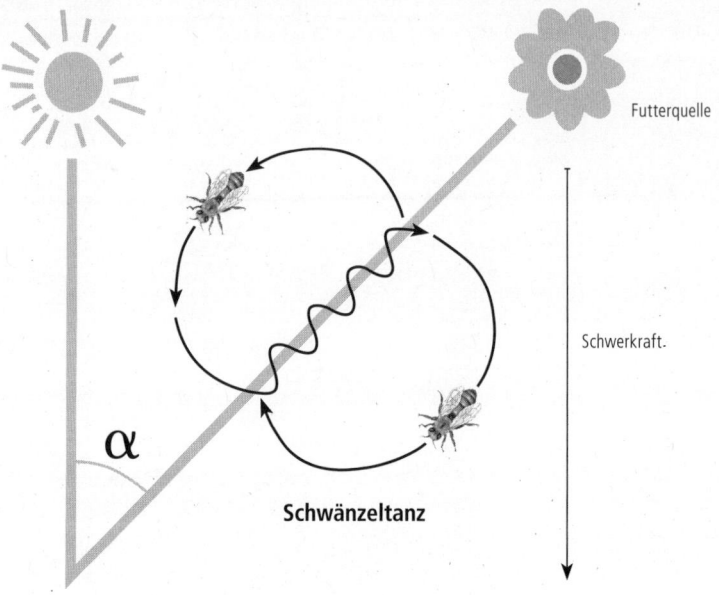

Futterquelle

Schwerkraft.

Schwänzeltanz

α

gabe nicht genug Individuen gibt, bilden Bienen, die in einer anderen Lebensphase sind, innerhalb kürzester Zeit die notwendigen körperlichen Eigenschaften erneut heraus und werden z. B. wieder zu Bau- oder Ammenbienen.

Ein weiteres Phänomen, das die Menschen am Bienenvolk fasziniert, ist die Fähigkeit der Bienen, miteinander zu kommunizieren. Mit dem Schwänzeltanz rekrutieren Sammelbienen weitere Bienen und erklären ihnen relativ präzise, in welcher Richtung und Entfernung Nahrung zu finden ist. Auf demselben Weg zeigen Kundschafterbienen dem Schwarm, wo die neue Nisthöhle ist, die sie für das Volk gefunden haben.

Die Tanzfigur besteht aus einer Acht, wobei im Mittelteil jeweils kräftig mit dem Hinterleib gerüttelt wird. Die Information wird an andere Bienen weitergegeben, indem sie den Tanz mittanzen und sich von der Vortänzerin »führen lassen«.

Die Bienen sind dabei in der Lage, den Winkel zwischen dem Sonnenstand und der Futterquelle bei ihrem Tanz auf die Schwerkraft zu übertragen. Die Abweichung von der Senkrechten beim Tanz im dunklen Stock wird draußen dann auf die Sonne bezogen. Liegt die Trachtquelle zum Beispiel direkt in Richtung des aktuellen Sonnenstandes, tanzt die Biene senkrecht nach oben. Erstaunlicherweise berücksichtigen die Bienen dabei auch, dass die Sonne weiterwandert und korrigieren die Angaben entsprechend. Das funktioniert auch bei bedecktem Himmel, weil Bienen polarisiertes Licht sehen können. Neben der Richtung der Trachtquelle ist im Schwänzeltanz auch die Entfernung codiert. Je langsamer der Tanzrhythmus ist, desto weiter entfernt ist die Trachtquelle.

Arbeiterinnen haben einen Rüssel, mit dem sie auf dem Grund der Blüte Nektar aufsaugen. Dieser wird im Honigmagen gesammelt. Der Honigmagen ist eine Art »Transportbehälter« und kein Verdauungsorgan. Im Stock wird der mit Enzymen angereicherte Nektar wieder abgesondert und an andere Bienen zur Verarbeitung weitergegeben.

Beim Besuch der Blüten bleiben außerdem Pollen im Haarkleid der Biene hängen. Die Arbeitsbiene bürstet die Pollenkörner von Zeit zu Zeit mit den hinteren Beinpaaren aus, befeuchtet sie mit Nektar und formt zwei kleine Pollenkugeln, die sie an den Hinterbeinen in »Pollenkörbchen« zum Stock transportiert.

Drohnen

Auf den ersten Blick hat man den Eindruck, dass die Drohnen außer der Begattung der Königin keine weiteren Aufgaben im Volk haben. Da eigentlich nur wenige Drohnen nötig sind, um eine Königin zu begatten, wundert es, dass sich ein Bienenvolk jedes Jahr Tausende von Drohnen leistet, die es zusätzlich versorgen muss. Die Drohnen beteiligen sich nämlich nicht am Sammeln oder an anderen Aufgaben der Arbeiterinnen. Wenn das Wetter schön ist, brechen sie auf und fliegen, in der Hoffnung, eine Königin zu treffen, etwas in der Gegend herum. Wenn sie tatsächlich eine Königin treffen, ist ihre Bestimmung erfüllt. Bei der Begattung, die im Flug stattfindet, reißt das Geschlechtsorgan heraus und der Drohn stirbt.

Vermutlich haben die Drohnen aber noch weitere wichtige Funktionen im Bienenvolk. In der wesensgemäßen Bienenhaltung ist man z. B. davon überzeugt, dass die Drohnen für die Harmonie im Bienenvolk sorgen. Sie haben empfindlichere Sinnesorgane als die Arbeiterinnen und sind nicht stocktreu, sondern wandern von Bienenvolk zu Bienenvolk. Die verschiedenen Bienenvölker einer Region bleiben so in gewisser Weise miteinander im Kontakt. Ob und wie sich das positiv auf die Bienenvölker auswirkt, wissen wir heute noch nicht genau, aber die Natur leistet sich eigentlich keine Dinge, die nicht irgendeine Funktion haben.

Bei der Bienenhaltung in der Bienenkiste unterstellen wir – auch wenn die Bedeutung der relativ großen Anzahl an Drohnen noch nicht vollständig geklärt ist –, dass diese einen Sinn hat, und greifen nicht regulierend ein. Das Bienenvolk kann so viele Drohnen heranziehen, wie es will und wie es auch in einem wilden Bienenvolk geschehen würde. In der konventionellen Bienenhaltung gibt man dagegen den Bienen Mittelwände mit Arbeiterinnenzellen vor und beschränkt so die Möglichkeit, Waben mit Drohnenzellen zu bauen und Drohnen heranzuziehen, auf ein Minimum.

Die Kunst des Wabenbaus

Der Wabenbau im Bienenvolk gehört ebenfalls zu den Dingen, die Menschen von jeher bewundert haben. Wie schaffen es die Bienen, diese perfekten, sechseckig geformten Zellen zu bauen? Wie kann es sein, dass so eine leichte, weiche Substanz ein so großes Gewicht an Honig tragen kann? Heute wird das Wabenmuster von uns Menschen in der Technik nachgeahmt, wenn man mit möglichst wenig Materialeinsatz leicht und stabil bauen muss – beispielsweise im Flugzeugbau.

Die Bienen machen sich beim Bauen physikalische Phänomene zunutze. Sie verwenden ihren eigenen Körper als Schablone und bauen eine Art Röhre um sich herum. Dann kommen Heizerbienen, die das Wachs kurzzeitig so weit erwärmen, dass es zu fließen beginnt und die Oberflächenspannung die Röhre in die sechseckige Form ziehen kann.

Jede Arbeitsbiene hat zu einem bestimmten Zeitpunkt ihrer Entwicklung Wachsdrüsen am Bauch ausgebildet und schwitzt bei Bedarf kleine durchsichtige Wachsplättchen aus. Sie transportiert sie mit den Beinen zu ihren Mundwerkzeugen *(Mandibeln)*, knetet das Wachs und modelliert es an der Wachsbaustelle an. So werden nicht nur die Wabenzellen gebaut, sondern auch die Zelldeckel, mit denen Brut- und Honigzellen verschlossen werden. Der Honig wird

Ein Bienenschwarm, der keine geeignete Nisthöhle findet, fängt an, ungeschützt im Baum sein Naturwabenwerk zu errichten.

luftdicht versiegelt, die Brut bekommt einen porösen Deckel, der atmungsaktiv bleibt. Man kann den Unterschied deutlich erkennen. Die Bienen orientieren sich beim Bauen an der Schwerkraft, versuchen möglichst große, zusammenhängende Wabenflächen zu bauen und halten einen Abstand zwischen den Waben, der gerade genug Platz lässt, dass sich die Bienen auf den Waben bewegen können. Der größte Teil des Lebens der Bienen spielt sich auf der Wabenoberfläche im dunklen Stock ab. Die einzelnen Zellen sind Multifunktionsbehälter. Ein und dieselbe Zelle kann im Laufe der Zeit sowohl als Lager für Pollen und Honig als auch als Brutzelle verwendet werden.

Die Bienen nutzen die Zellen nicht willkürlich, sondern haben eine genaue Ordnung: Das Brutnest wird kugelförmig nahe am Flugloch angelegt. In einem Halbkreis darüber sind Pollen und Honig für den kurzfristigen Bedarf gelagert. Dahinter – so weit wie möglich vom Flugloch entfernt – befinden sich die langfristigen Honigvorräte für den Winter.

Die Waben werden so gebaut, dass sie unten frei schwingen können, denn die Bienen kommunizieren über Schwingungen auf den Waben, die sie mit der kräftigen Brustmuskulatur erzeugen und mit den sechs Beinen »hören« können.

Die Bienenkiste orientiert sich im Aufbau an dieser natürlichen Nestordnung. Die Waben werden aufgrund der geringen Höhe der Bienenkiste nicht am Boden angebaut. Sie können nicht höher als 20 cm werden und sind daher auch »frei schwingend« stabil genug. Durch ihre längliche Bauweise sind der Erntebereich und der Brutbereich auf natürlichem Wege getrennt, da die Bienen den Honigüberschuss stets fluglochfern ablagern. Das ermöglicht eine einfache Ernte des Honigüberschusses. Wir haben den Brutbereich außerdem so groß dimensioniert, dass dem Bienenvolk dort trotz Honigernte noch genügend Vorräte für die Überwinterung verbleiben.

Der größte Teil des Wabenwerks wird vom Bienenschwarm in den ersten Wochen nach dem Einzug gebaut. Es ist erstaunlich, wie schnell die Bienen ihre Waben bauen können. Sie werden dann über

Jahre genutzt. Das frische Wabenwerk ist schneeweiß und bekommt nach einiger Zeit durch das Blütenstauböl eine gelbliche Farbe. Wenn eine Biene aus einer Wabenzelle schlüpft, bleibt die dünne Haut der Puppe zurück. Sie kleidet die Zelle wie eine Tapete aus. Mit jedem Brutzyklus wird die Zelle enger und dunkler, bis sie nach einigen Jahren fast schwarz ist. In der Natur gibt es zwei Wege, wie alte Waben erneuert werden: Wenn die Waben zu eng geworden sind, nagen die Bienen die Zellwände bis zur Basis ab und bauen sie anschließend neu auf. Und wenn ein Bienenvolk im Winter eingeht, kommen Wachsmotten und ernähren sich vom alten Wabenwerk. Irgendwann zieht ein neuer Bienenschwarm in die Nisthöhle ein und baut das Wabenwerk neu auf.

Gesundheitsvorsorge

Bienen sind sehr hygienisch und putzen die Zellen nach jedem Gebrauch sehr gründlich. Zudem überziehen sie die Wabenränder – und auch alle Holzflächen – mit einem hauchdünnen Überzug aus Propolis, der antibiotisch, antiviral und pilzhemmend wirkt. Propolis besteht aus dem Harz von Blütenknospen, Blättern und Baumrinden und wird genau wie Nektar von Arbeitsbienen gesammelt und in den Stock gebracht.

Es gibt verschiedene natürliche Mechanismen, wie sich ein Bienenvolk gesund erhält. Sporen können unschädlich gemacht werden, indem sie in das Wachs des Wabenwerks eingebaut werden. Tote Bienen und alle Fremdstoffe werden von den Bienen aus dem Stock herausgetragen und erst in einem gewissen Abstand vom Stock fallengelassen. Die Bienen können außerdem kranke Larven identifizieren und räumen solche Brutzellen aus. Die wichtigste Maßnahme zur Gesunderhaltung des Bienenvolkes besteht aber zweifellos darin, dass Bienen, die sich krank fühlen, den Stock selbst verlassen, um draußen zu sterben. Deshalb ist ein leerer Bienenkasten ein typisches Schadbild bei einem Bienenvolk, das an den Folgen einer starken Varroabelastung zugrunde gegangen ist.

Das Abenteuer des Schwärmens

Ausreichende Tracht vorausgesetzt, wird sich ein gesundes Bienen-volk in der Natur jedes Jahr durch Schwärmen teilen. Die Bienen bereiten sich schon Tage vorher auf den großen Tag vor, und wir können davon ausgehen, dass schon vorab feststeht, welche Bie-nen den Stock mit der alten Königin verlassen werden und welche zurückbleiben. Die Schwarmbienen werden auch biologisch darauf vorbereitet und entwickeln einen stark ausgeprägten Bautrieb, um das nötige Wabenwerk schnell neu errichten zu können.

Am Tag des Schwärmens füllen die Schwarmbienen ihren Honig-magen und nehmen auf diesem Weg etwa ein Kilogramm Honig als Wegzehrung mit. Wie auf ein Signal hin stürzt sich bis zur Hälfte des Bienenvolkes schlagartig aus dem Bienenstock und reißt die Köni-gin dabei mit. Eine große Wolke an Bienen bildet sich um den Bie-nenstock herum. An einer geeigneten Stelle in der Nähe – oft ist das ein kräftiger Ast in einem Baum – sammeln sie sich in einer etwa fußballgroßen, zapfenförmigen Traube (siehe auch Seite 91). Von dort werden Kundschafterinnen ausgesandt, die die Umgebung nach einer geeigneten Nisthöhle absuchen. Sie teilen die Fundstellen ihren Schwestern mit dem Schwänzeltanz mit. Weitere Bienen ziehen los, um die vorgeschlagenen Behausungen zu inspizieren, und in einer Art demokratischen Prozess entscheidet sich das Bienenvolk für eine der Nisthöhlen und zieht gemeinsam los.

Der Schwarm muss ganz neu beginnen, neues Wabenwerk bauen, neue Brut aufziehen und ausreichend Vorräte für den Winter sam-meln. Aber er hat eine begattete Königin. Das zurückgebliebene Bienenvolk hat zwar reichlich Vorräte und Brut, es ist aber dagegen dem Risiko ausgesetzt, dass die junge Königin auf ihrem Hochzeits-flug verlorengehen kann oder nicht richtig begattet wird. Für beide Volksteile ist das Schwarmgeschehen also mit einem Risiko verbun-den und stellt einen Neubeginn dar.

Voraussetzungen für die Bienenhaltung

Viele Menschen würden gerne Bienen halten, trauen sich aber nicht, weil ihnen die konventionelle Bienenhaltung zu aufwendig erscheint. Genau für solche Menschen ist die Bienenkiste gedacht. Sie vereinfacht die Bienenhaltung erheblich, ist aber dennoch nicht vergleichbar mit einem Wildbienenhotel oder Vogelnistkasten, der, einmal aufgestellt, kaum weiterer Betreuung bedarf. Auch bei der Bienenkiste ist es notwendig, dass man sich ausreichend mit dem Thema Bienenhaltung beschäftigt und im Jahresverlauf das Bienenvolk gut betreut.

Nicht jeder Standort ist für eine extensive Bienenhaltung gleich gut geeignet. Für viele Menschen ist es überraschend, dass z.B. Großstädte bessere Bedingungen für die Bienenhaltung liefern als landwirtschaftlich genutzte Flächen.

Im Folgenden finden Sie einen Überblick darüber, was Sie erwartet, wenn Sie sich auf die faszinierende Welt der Honigbiene einlassen, und welche Grundbedingungen erfüllt sein müssen.

Was erwartet mich?

Die Bienenhaltung in der Bienenkiste macht sich zunutze, dass Bienen »wilde« Tiere sind und seit Jahrmillionen vollkommen selbstständig leben. Wir können unsere Eingriffe auf ein Minimum beschränken und ermöglichen den Bienen auf diese Weise, sich ihren Anlagen gemäß zu entwickeln.

Die Bienenhaltung ist ein faszinierendes Hobby, das die meisten Menschen, die damit einmal in Kontakt gekommen sind, schnell begeistert. Diese Begeisterung ist aber auch notwendig, denn erfolgreiche Bienenhaltung erfordert vorausschauendes Planen, Durchhaltevermögen und Sorgfalt. Die heutigen Umweltbedingungen machen es unseren Honigbienen unmöglich, unbetreut zu überleben. Wer Bienen hält, muss dafür sorgen, dass seine Bienen nicht ernstlich erkranken und ausreichend Vorräte für den Winter haben. Und anders als bei Hunden oder Katzen ist das keine reine Privatsache. Denn Ihre Bienen halten sich im Umkreis von mehreren Kilometern auf und können im Krankheitsfall andere Bienenvölker infizieren. Und wenn Ihr Bienenvolk einen Schwarm abgibt, um sich zu vermehren, kann dieser in Nachbars Garten landen. Ihr Nachbar wird zu Recht von Ihnen erwarten, dass Sie sich darum kümmern.

Bienen leben sehr stark mit dem Rhythmus der Jahreszeiten. Die Betreuung muss darauf Rücksicht nehmen. Zu bestimmten Zeiten im Jahr fallen Arbeiten an, die Sie fristgerecht erledigen müssen.

Wenn Sie mit der Bienenkiste imkern wollen, müssen Sie sich mit dem Gedanken anfreunden, dass Ihr Bienenvolk alle ein bis zwei Jahre schwärmen wird. Der Schwarmtrieb gehört zu den stärksten Trieben des Biens. Mit dem Schwarmtrieb zu imkern, ist zentrales Konzept der Bienenkiste – denn dadurch wird die Bienenhaltung einfacher und gelingt leichter. Die bei der konventionellen Bienenhaltung praktizierte Schwarmverhinderung ist eine sehr komplizierte Sache, bei der man letztlich gegen die Natur der Bienen arbeiten muss. Bienen, die die Möglichkeit haben, zu schwärmen, sind nach unserer Erfahrung vitaler und weniger krankheitsanfällig.

Wenn Sie selbst Bienen halten, wird es nicht ausbleiben, dass gelegentlich ein Bienenvolk eingeht. Selbst für erfahrene Imker ist ein gewisser Prozentsatz an »Völkerverlusten« normal. Dass bis zu 10 Prozent von allen hierzulande betreuten Bienenvölkern den Winter nicht überleben, gilt als normal; in schwierigen Jahren können es auch 30 Prozent und mehr sein. Es ist daher sinnvoll, langfristig mehr als nur ein einzelnes Bienenvolk zu betreuen oder zumindest Kontakt mit anderen Bienenkisten-Imkern in der Region zu suchen, sodass man sich gegenseitig aushelfen kann, wenn einmal ein Bienenvolk eingegangen ist.

Da sich Bienenvölker aber über den Schwarmtrieb selbst vermehren, ist es nicht schwierig, solche Verluste auszugleichen.

Unsere heutigen Bienenrassen sind sehr sanftmütig, und die Bienenkiste ermöglicht es, in das Bienenvolk hineinzuschauen, ohne die Bienen stark zu reizen. Sie müssen nicht befürchten, ständig gestochen zu werden, und werden sich vielleicht sogar angewöhnen, die Bienenkiste normalerweise ohne Schutzkleidung zu öffnen. Es gibt aber keinen Imker, der nicht gelegentlich gestochen wird – meistens durch einen unachtsamen Handgriff oder eine Biene, die sich im Ärmel verirrt oder in den Haaren verfangen hat. Die meisten Imker empfinden das übrigens nicht als besonders schlimm (auch wenn es einen kurzen Moment sehr weh tun kann und unter Umständen etwas anschwillt), weil man ja letztlich irgendwie selbst dafür verantwortlich war.

Allergisch auf Bienengift?

Im Vergleich zu Pollen- und Hausstauballergien kommen Bienengiftallergien eher selten vor. Falls Sie aber nicht wissen, ob Sie allergisch auf Bienengift reagieren, sollten Sie das vorsorglich bei Ihrem Hausarzt oder einem Allergologen klären lassen.

Geeignete Standorte

Bienen brauchen für ihr Gedeihen eine gute Versorgung mit Nektar und Pollen – der Imker nennt dies Tracht. Sie sammeln vornehmlich im Umkreis von etwa einem Kilometer. Wenn es sich lohnt, fliegen sie auch bis zu drei Kilometer weit. Eine extensive, ortsfeste Bienenhaltung kann nur dort gut gelingen, wo es ein ausreichendes Angebot an blühenden Pflanzen über die gesamte Bienensaison gibt. Das ist in Europa in ländlichen Gegenden mit intensiver Landwirtschaft kaum noch der Fall.

Erprobt und empfohlen ist die Bienenkiste für den urbanen Siedlungsbereich, in dem es eine große Vielfalt an blühenden Pflanzen gibt: Hausgärten, Kleingärten, begrünte Flachdächer, Friedhöfe, Parks, Straßenbäume, Brachflächen, Randstreifen von Straßen und Schienen und vieles mehr.

Weniger geeignet ist sie für die Aufstellung in großflächigen Monokulturen und für eine Wanderimkerei. Wir raten außerdem davon ab, die Bienenkiste in Regionen einzusetzen, in denen regelmäßig starke Waldtrachten zu erwarten sind. Waldhonig ist ballaststoffreich und kann daher bei den Bienen Durchfallerkrankungen hervorrufen (siehe Seite 141).

Sie können die Versorgungslage von Bienen und anderen Insekten fördern, wenn Sie bei der Auswahl von Pflanzen für Ihren Balkon oder Garten darauf achten, dass diese gute Nektar- und Pollenlieferanten sind. Wenn Sie ländlich wohnen, können Sie vielleicht Bauern aus der Nachbarschaft überzeugen, dass sie Bienenweide-Saatmischungen als Zwischenfrucht oder Randstreifen aussäen (Adressen für weitere Informationen siehe Seite 152).

Bienen brauchen besonders im Frühjahr und Sommer Zugang zu Wasser. Wenn keine natürlichen Gewässer in der Nähe sind, können Sie eine Wassertränke aufstellen. Nehmen Sie eine nicht zu flache Schale und legen Sie Steine hinein, sodass die Bienen nicht ertrinken können.

Sie benötigen kein eigenes Grundstück oder einen Garten, obwohl dies natürlich optimal wäre. Wenn Sie sich etwas in der

Kleine Auswahl wichtiger Trachtpflanzen

Deutscher Name Botanischer Name	April	Mai	Juni	Juli	Aug.	Sept.	Okt.	Farbe der Pollen-höschen	Art der Tracht
Weide *Salix spec.*	❀	❀						zitronen-gelb	reiches Nektar- und Pollenangebot
Süßkirsche *Prunus avium* und **Sauerkirsche** *Prunus cerasus*	❀	❀						braungelb	sehr gutes Nektar- und Pollenangebot
Apfel *Malus domestica*	❀	❀						hellgelb	sehr reiches Nektar- und Pollenangebot
Löwenzahn *Taraxacum officinale*	❀	❀	❀					gelborange	reiches Nektarangebot, sehr reiches Pollenangebot
Rosskastanie *Aesculus hippocastanum*	❀	❀	❀					dunkelrot	reiches Nektar- und Pollenangebot
Robinie *Robinia pseudoacacia*		❀	❀					graubraun, beige	sehr reiches Nektarangebot, mäßiges Pollenangebot
Himbeere *Rubus idaeus*		❀	❀	❀				weißgrau	sehr reiches Nektarangebot, reiches Pollenangebot
Faulbaum *Frangula alnus*		❀	❀	❀				gelbweiß	reiches Nektarangebot, mäßiges Pollenangebot
Weißklee *Trifolium repens*		❀	❀	❀	❀	❀		braun	sehr reiches Nektarangebot, reiches Pollenangebot
Sommerlinde *Tilia platyphyllos*			❀					weißgelb	sehr reiches Nektarangebot, geringe Pollenmengen
Efeu *Hedera helix*					❀	❀	❀	schwefel-gelb bis braun	reiches Nektar- und Pollenangebot

(Daneben gibt es noch Hunderte weitere blühende Pflanzen, die ebenfalls Nektar- oder Pollenlieferanten sind.)

Nachbarschaft umhören, finden Sie auf jeden Fall einen geeigneten Standort – z. B. Flachdächer von Häusern oder Carports, größere Balkone, Parks, Friedhöfe, Kindergärten, Schulen, Pfarrgärten, Firmengelände oder Brachflächen.

Die Fläche sollte nicht direkt öffentlich zugänglich sein. Sie selbst müssen sie aber bequem betreten können. Und selbstverständlich dürfen Sie Ihre Bienenkiste nicht ohne Zustimmung des Eigentümers aufstellen.

Bei der Auswahl und Vorbereitung des Stellplatzes sollten Sie folgende Punkte beachten:

▷ Die Bienenkiste sollte leicht erhöht stehen, beispielsweise auf einer Euro-Palette oder zwei horizontalen Holzbohlen. Sie sollte nicht zu hoch stehen und benötigt etwas Platz vor dem Flugloch, sodass sie einfach zum Öffnen nach vorne gekippt werden kann. Die ideale Höhe beträgt etwa 25 cm über dem Boden.

▷ Die Kiste sollte verhältnismäßig waagerecht stehen und einen stabilen, sicheren Stand haben.

▷ Die Bienenkiste muss nach dem Öffnen immer wieder an exakt derselben Stelle stehen. Eine mit Bienen besetzte Kiste darf während der Bienensaison nicht verstellt werden, da die Bienen sonst nicht mehr nach Hause finden würden.

▷ Das Flugloch sollte nicht nach Norden oder Westen zeigen. Besser ist eine Orientierung im Bereich zwischen Osten und Süden.

▷ Ein halbschattiger, windgeschützter Standort ist zu bevorzugen.

▷ Direkt vor dem Flugloch sollten die Bienen möglichst wenig gestört werden. Es sollte also kein regelmäßig genutzter Weg vor dem Flugloch vorbeiführen. Optimal ist ein Hindernis (Büsche, Zaun, Mauer) in wenigen Metern Abstand vor dem Flugloch, sodass die Bienen gezwungen sind aufzusteigen. Dann verlaufen ihre Luftstraßen über den Köpfen der Menschen, und Sie und Ihre Nachbarn bekommen von dem Bienenflug kaum etwas mit.

Sie benötigen keine behördliche Genehmigung zur Bienenhaltung. Bienen können überall dort gehalten werden, wo es »ortsüblich«

ist. In kleinem Rahmen ist das eigentlich überall der Fall. Selbst in Großstädten wurden schon immer Bienen gehalten. Wenn Sie die Bienenkiste richtig aufstellen, dann gibt es für Sie und Ihre Nachbarn keinerlei Beeinträchtigung. Anders als Wespen interessieren sich die Bienen nicht für Menschen, und es besteht – außer direkt vor dem Flugloch – keine Gefahr, von Bienen angegriffen oder gestochen zu werden. Da die Bienen erst mal ein Stück fliegen, bevor sie anfangen zu sammeln, werden Sie und Ihre Nachbarn gar nicht so viel von Ihren Bienen auf dem eigenen Grundstück merken.

Wenn Ihr Bienenvolk schwärmt, kann es gut sein, dass der Schwarm über Ihre Grundstücksgrenze hinwegfliegt. Die Schwarmbienen sind äußerst friedlich und greifen sicher keine Menschen an. Sie können Ängste und Vorurteile gut zerstreuen, wenn Sie die Nachbarn mit ihren Kindern einmal einladen, um gemeinsam die Bienenkiste zu öffnen, nachdem Sie selbst im Umgang mit der Bienenkiste vertraut geworden sind.

Zeitaufwand und Kosten

Pro Jahr müssen Sie mit 12 bis 15 Stunden Betreuungszeit für ein Bienenvolk rechnen. Da die meiste Zeit davon »Rüstzeit« ist (Smoker anfeuern, Ausrüstung holen und wegräumen), ist der Betreuungsaufwand pro Volk bei mehreren Bienenkisten geringer. Als Anfänger werden Sie sicherlich etwas mehr Zeit einplanen müssen.

Der überwiegende Teil der Arbeit fällt in die Monate Mai bis Juli. Es passt nicht gut zur Bienenhaltung, in dieser Zeit mehrere Wochen am Stück abwesend zu sein. Wenn Sie dennoch einmal länger verreisen wollen oder müssen, sollten Sie einen anderen Imker aus der Nähe darum bitten, Ihre Bienenvölker in dieser Zeit zu betreuen, und seine Telefonnummer bei den Nachbarn hinterlassen. Im Winterhalbjahr (November bis April) gibt es – bis auf eine kurze Behandlung gegen die Varroamilbe – überhaupt nichts zu tun.

Im Vergleich zur konventionellen Bienenhaltung im Magazin ist der finanzielle Gesamtaufwand bei der extensiven Bienenhaltung gering. Sie benötigen weder eine kostspielige Honigschleuder noch einen Lagerraum. Wenn Sie die Bienenkiste und die gesamte Ausrüstung neu kaufen wollen, kommen Sie ungefähr auf folgende Kosten:

▷ pro Bienenkiste bis zu 235 € (fertig gekauft),
▷ Ausrüstung (siehe Seite 41) etwa 100 €,
▷ Bienenschwarm durchschnittlich 50 €,
▷ Verbrauchsmaterialien (Medikamente, Mittelwände, Rauchmaterial) etwa 25 € pro Jahr.
▷ Je nach Region kann es sein, dass noch ein kleiner jährlicher Beitrag zur Tierseuchenkasse fällig wird. Außerdem sollten Sie sicherstellen, dass die Bienenhaltung von Ihrer Haftpflichtversicherung abgedeckt ist.

Mit etwas Kreativität und handwerklichem Geschick geht es auch preiswerter:

▷ Die Bienenkiste können Sie anhand der Bauanleitung auf Seite 47 selbst bauen.
▷ Aus einem alten Hut und einem Fliegennetz oder einer Gardine wird ein Imkerschleier.
▷ Ein Imkerblouson ist nicht unbedingt nötig. Eine helle Jacke mit langen Ärmeln und engen Bündchen tut es auch.
▷ Bienenschwärme werden unter Hobbyimkern und in Imkervereinen oft umsonst oder gegen eine kleine Aufwandsentschädigung abgegeben.

Sie können pro Bienenvolk und Jahr mit einer Ernte von etwa 15 Kilogramm (entsprechend 30 Gläser) Honig in bester »Bio«-Qualität und mit etwa 750 Gramm Bienenwachs rechnen.

Ausrüstung

Das unverzichtbare Werkzeugsortiment, das in der einen oder anderen Form eigentlich jeder Imker auf der Welt besitzt, besteht aus Smoker, Stockmeißel und Bienenbesen. Sie sollten sich außerdem Schutzkleidung zulegen.

Smoker

Eine Grundregel beim Imkern lautet:»Nie ohne Rauch an die Völker gehen!« Durch den Rauch glauben die Bienen, es gäbe einen Waldbrand. Sie bereiten sich auf eine mögliche Evakuierung vor und »packen ihre Sachen«: Sie füllen ihre Bäuche mit Honig. Ein gefüllter Honigmagen macht die Bienen wiederum »sanftmütig«. Sie stechen dann nicht mehr so schnell. Außerdem sind sie erst mal etwas beschäftigt.

Ein kleiner Smoker mit einem Innendurchmesser von 8 cm reicht für unsere Zwecke aus. Sie sollten aber darauf achten, dass er eine Innendose hat, die nicht nur unten, sondern auch an der Seite gelocht ist. Das stellt sicher, dass der Smoker während der Arbeit an den Bienen nicht wieder ausgeht.

Smoker anfeuern

Sie können als Anzünder alte Eierpappen und als Brennmaterial einfache Holzspäne (z. B. Kleintierstreu) verwenden. Dazu nehmen Sie die Innendose aus dem Smoker heraus und stecken ein angezündetes Stück Eierkarton hinein. Dann warten Sie, bis es gut brennt.

Stecken Sie die Dose in den Smoker und streuen ein wenig Holzspäne dazu. Betätigen Sie den Blasebalg ein paar Mal vorsichtig, sodass auch die Holzspäne Feuer fangen. Nun füllen Sie ein bis zwei Handvoll Holzspäne hinterher und machen den Deckel zu. Wenn Sie jetzt den Blasebalg betätigen, sollte satter, weißer Rauch aus dem Smoker kommen.

Stockmeißel

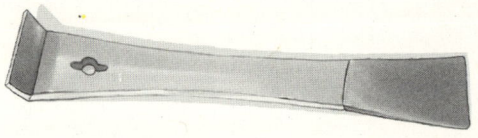

Ein Stockmeißel ist ein vielseitiges Universalwerkzeug, mit dem Sie z. B. das Bodenbrett, Rückbrett oder Trennschied lösen können, wenn es von den Bienen mit Propolis festgekittet worden ist. Außerdem können Sie mit dem Stockmeißel auch Waben durchschneiden und Propolis und Wachsreste von den Innenwänden kratzen. Für die Bienenkiste empfehle ich den »Ami-Stockmeißel, 23 cm lang«. Damit können Sie auch die bis zu 20 cm hohen Waben durchtrennen.

Bienenbesen

Mit dem Bienenbesen fegen Sie bei der Honigernte aufsitzende Bienen von den Waben und können die Kanten der Bienenkiste frei machen, bevor Sie den Boden wieder schließen. Statt eines Besens können Sie auch einen Gänseflügel verwenden. Er ist weicher und reizt die Bienen weniger.

Schutzkleidung

Die Bienen bleiben beim Öffnen der Bienenkiste relativ ruhig. Bei einfachen Kontrollen müssen Sie daher – bei Einsatz des Smokers – nicht damit rechnen, gestochen zu werden. Es werden Sie aber trotzdem zahlreiche Bienen umkreisen, zumal die Bienen, die gerade von ihrem Sammelflug zurückkehren, erst einmal »Warteschleifen« vor der Kiste drehen müssen, bis diese wieder richtig steht. Da sie einen gefüllten Honigmagen haben, geht von ihnen aber keine Gefahr aus. Am Anfang können Sie das Verhalten der Bienen noch nicht so gut einschätzen. Es ist daher empfehlenswert, zunächst Schutzkleidung zu tragen. Das entspannt Sie und indirekt dann auch die Bienen, auf die sich Ihre Nervosität sonst leicht übertragen kann.

Am sichersten in der Handhabung ist ein Blouson mit fest verbundener Haube (»Schutzhemd«) und langen Armen (Gummizug

Vor allem Anfänger sind durch das Tragen des Imkerschleiers weniger nervös, wenn die Bienen sie umschwirren. Das entspannt auch das Bienenvolk.

im Bündchen). Handschuhe sind für normale Arbeiten am Volk eigentlich nicht nötig. Dennoch ist es gut, welche parat zu haben, denn man kann die offene Bienenkiste ja schlecht einfach stehen lassen und die Flucht ergreifen, wenn die Bienen doch mal »einen schlechten Tag« haben sollten. Es reichen stärkere Haushaltshandschuhe aus Gummi. Im Laufe der Zeit werden Sie besser einschätzen können, ob bei der geplanten Arbeit Schutzkleidung nötig ist oder nicht. Wenn Sie ohne Schutz an die Bienen gehen, ist es empfehlenswert, eine Kopfbedeckung zu tragen. Bienen verfangen sich leicht in den Haaren und werden dann nervös, weil sie sich nicht mehr so einfach befreien können.

Weitere Ausrüstung

Für das Einfangen eines Bienenschwarms sind ein einfacher Wasserzerstäuber und eine Schwarmkiste hilfreich. Zur Honigernte benötigen Sie eine ausreichend große Plastikkiste und zwei bis drei Honigeimer (je 25 Kilogramm Fassungsvermögen). Sie benötigen außerdem organische Säuren, einen »Schüttelbecher« und einen »Nassenheider Verdunster« für die Varroabehandlung. Weitere Informationen dazu finden Sie in den jeweiligen Kapiteln zur Betreuung und Honiggewinnung auf den Seiten 129 und 113.

Was Sie unbedingt beachten müssen

Bienenhaltung ist keine reine Privatsache. Da Ihre Bienen kilometerweit fliegen, gibt es Vorschriften und Verhaltensweisen, die sicherstellen sollen, dass sich keine Bienenseuchen unkontrolliert ausbreiten können.

Niemals fremden Honig an Bienen verfüttern!

Honig kann Faulbrutsporen enthalten, die zwar für den menschlichen Verzehr unbedenklich sind, Ihre Bienen aber mit der meldepflichtigen schlimmen Bienenseuche »Amerikanische Faulbrut«

anstecken können (siehe Seite 141). Wenn Sie Honig an Ihre Bienen verfüttern wollen, darf nur Honig von den eigenen Bienen oder von einem Imker, den Sie persönlich kennen, verwendet werden. Honig aus dem Einzelhandel sollten Sie grundsätzlich niemals verfüttern.

Räuberei vermeiden

Bienen haben ihren Stachel in erster Linie, um sich gegen andere Bienen zu verteidigen. Schwächere Bienenvölker auszurauben, ist eine bequeme Art, die eigenen Honigvorräte aufzustocken. Sie können dieses räuberische Verhalten provozieren, wenn Sie Wachs- und Honigreste außerhalb der Bienenkiste liegen lassen und so das Interesse fremder Bienen wecken. Deshalb müssen Sie Futter stets in den hinteren Raum der Bienenkiste stellen. Außerdem sollten Sie beim Füttern und bei der Honigernte jedes Kleckern außerhalb der Bienenkiste vermeiden, bzw. immer gleich alles wegwischen. Es ist gut, sich anzugewöhnen, immer einen Eimer Wasser und einen Lappen bereitzuhalten, wenn man die Bienenkiste öffnen will.

Rechtliche Fragen

Sie benötigen keinen Qualifikationsnachweis, um Bienen halten zu dürfen. Wenn Sie Ihre Bienen in einem Wohngebiet aufstellen wollen, dann kann man Ihnen das – in kleinem Umfang – nicht verbieten, wenn die Bienenhaltung »ortsüblich« ist und Ihre Nachbarn davon nicht beeinträchtigt werden. Das ist selbst in Großstädten wie Berlin und Hamburg der Fall.

Ihre Bienenhaltung muss bei dem zuständigen Veterinäramt gemeldet werden: »*Wer Bienen halten will, hat dies spätestens bei Beginn der Tätigkeit der zuständigen Behörde unter Angabe der Anzahl der Bienenvölker und ihres Standortes anzuzeigen.*« (§ 1a, Bundesseuchenverordnung).

Bitte erkundigen Sie sich bei Ihrer Stadt- oder Gemeindeverwaltung nach der zuständigen Stelle und fordern Sie dort einen Meldebogen an.

Melden Sie außerdem Ihrer Haftpflichtversicherung die Bienenhaltung und klären Sie, ob diese kostenfrei mitversichert ist. Falls nicht, kann entweder die bestehende Haftpflichtversicherung aufgestockt oder eine spezielle Zusatzversicherung für Imker abgeschlossen werden.

Die Mitgliedschaft in einem Imkerverein schließt übrigens oft eine Bienen-Haftpflichtversicherung mit ein, die sogar Diebstahl und Vandalismus zum Teil abdeckt. Es kann schon alleine aus diesem Grund sinnvoll sein, Mitglied in einem Imkerverein zu werden.

Bienen sind die einzigen Tiere, die im Bürgerlichen Gesetzbuch (BGB) ausdrücklich erwähnt werden. Bei der Verfolgung eines Bienenschwarms hat der Eigentümer sogar Sonderrechte: »*Der Eigentümer des Bienenschwarms darf bei der Verfolgung fremde Grundstücke betreten.*« (§ 962, Bürgerliches Gesetzbuch).

Notwendige Grundkenntnisse und Hilfe von erfahrenen Imkern

Dieses Buch liefert eine Einführung in die Bienenhaltung mit der Bienenkiste. Sie sollten sich aber nicht alleine darauf verlassen. Ziehen Sie auch weitere Fachliteratur zurate und besuchen Sie einen Kurs zur praktischen Einführung in die Bienenhaltung, wie er von vielen Imkervereinen angeboten wird. Auch die praktische Unterstützung eines Imkers aus der Nachbarschaft kann sehr hilfreich sein, denn Sie müssen ja zunächst einmal auch ganz praktische Erfahrungen im Umgang mit Ihren Bienen sammeln und die anfängliche Scheu vor den stachelbewehrten Insekten überwinden. Suchen Sie daher Kontakt zu anderen Imkern in Ihrer Region oder werden Sie Mitglied im nächstgelegenen Imkerverein.

Bauanleitung
für die Bienenkiste

Die Bienenkiste ist eine einfache Holzkiste, deren Boden und Rückbrett abnehmbar sind. Sie können sie mit durchschnittlichen handwerklichen Fähigkeiten anhand unserer Bauanleitung selbst bauen. Wenn Sie sich den Selbstbau nicht zutrauen oder Schwierigkeiten haben, geeignete Holzplatten zu beschaffen, können Sie die Bienenkiste auch fertig oder als Bausatz kaufen (Adresse siehe Seite 152). Auch weiteres Zubehör und Baumaterial wie Spannverschlüsse, Ständer und Mittelwände können dort bezogen werden.

Da die Kiste draußen steht und wechselnden Temperaturen und Luftfeuchtigkeiten ausgesetzt ist, sollten Sie auf eine gute Holzqualität achten. Ansonsten besteht die Gefahr, dass die Kiste sich stark verzieht oder das Holz Risse bekommt. Das Holz sollte außerdem atmen können. Optimal sind daher wasserfest stäbchenverleimte Vollholzplatten. Schichtverleimte Holzplatten oder Tischlerplatten sind weniger gut geeignet.

Das am besten geeignete Holz für Bienenkästen ist Weymouth-Kiefer. Weil dieses aber nur schwer zu beschaffen ist, können Sie auf Fichte ausweichen. Sie ist etwas schwerer, kann aber ansonsten

47

Holz für die Bienenkiste

Die beste Adresse für hochwertige Holzplatten ist ein Schreiner aus der Nachbarschaft, der Sie fachkundig berät und bereit ist, aus seinem Holzlager gut abgelagertes Holz herauszusuchen und daraus Holzplatten in den notwendigen Maßen anzufertigen. Wenn Sie fertige Holzplatten im Fachhandel oder Baumarkt kaufen, sollten Sie auf gute Qualität achten. Der verwendete Holzleim sollte für Beanspruchungen im Außenbereich geeignet sein (wasserfest/belastbar D3). Wenn Sie Zugang zu einer professionell eingerichteten Holzwerkstatt haben, können Sie sich die Platten auch selbst anfertigen. In einigen Städten gibt es betreute Holzwerkstätten, in denen Sie mit fachmännischer Unterstützung eigene Projekte umsetzen können.

ebenso gut verwendet werden. Die Vollholzplatten sollten eine Stäbchenbreite von etwa 50 mm (Fichtenholz) bzw. 70 mm (Weymouth-Kiefernholz) haben. Die optimale Holzdicke beträgt 25 mm. An diesem Maß orientiert sich auch die Teileliste auf Seite 49. Abweichende Maße zwischen etwa 20 und 30 mm sind natürlich auch möglich. Wenn Sie eine andere Holzdicke verwenden wollen, können Sie sich die Maße auf unserer Internetseite umrechnen lassen (Adresse siehe Seite 153). Wenn Sie die Maße selbst umrechnen wollen, müssen Sie darauf achten, dass die Innenmaße gleich bleiben.

Für den Zusammenbau der Bienenkiste benötigen Sie eine Bohrmaschine oder einen Akkuschrauber, verschiedene Holzbohrer von 2,5 bis 5 mm Durchmesser, eine Stichsäge, Schraubzwingen, Hammer, Zollstock, Schraubenzieher, Holzleim (wasserfest/belastbar D3), biozidfreie Holzlasur und einen Pinsel.

Wenn Sie die Holzplatten selbst zuschneiden wollen, brauchen Sie außerdem Winkel und eine Kreissäge.

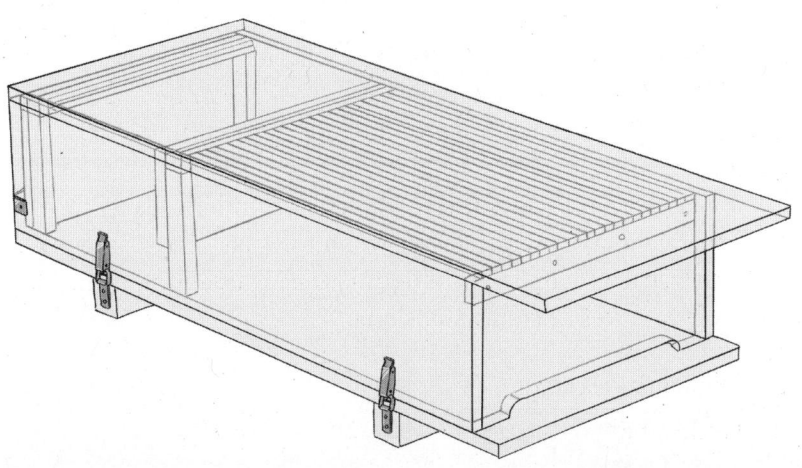

Teileliste für die Bienenkiste

alle Maßangaben in mm, Holzstärke 25 mm
Innenmaße der Bienenkiste:
Breite 435 mm, Höhe 210 mm, Länge 1000 mm

Maße Holzplatten

Pos.	Bezeichnung	Menge	Größe (in mm)	Bemerkungen
H1	Dach	1	1180 × 485	H1 – H3 fest verleimt und verschraubt
H2	Seitenwände	2	1050 × 210	
H3	Stirnbrett	1	435 × 210	Flugloch hineinsägen / fräsen
H4	Boden	1	1100 × 485	
H5	Rückwand	1	432 × 208	etwa 3 mm Spiel, damit es nicht klemmt
H6	Stabilisierungs-leisten	2 (4)	485 × 50 × 50	für Boden (und ggf. Dach)
H7	Trennschied	1	432 × 140	Holzstärke und -art nicht ganz so wichtig

Beim Zuschneiden müssen Sie unbedingt auf die korrekte Orientierung der Holzmaserung achten: Die Richtung der Maserung geht immer **in Richtung der längeren Seite** – bei Dach, Boden und Seitenteilen von vorne nach hinten und bei Stirnbrett und Rückwand von links nach rechts.

Die Stabilisierungsleisten (H6) sollen verhindern, dass sich der Boden verzieht. Wer sicherstellen will, dass sich der Korpus nicht verzieht (insbesondere bei nicht optimaler Holzqualität), kann auch das Dach mit zwei Leisten stabilisieren.

Schrauben und Beschläge

Pos.	Bezeichnung	Menge	Größe (in mm)	Bemerkungen
S1	Mehrzweckschrauben, Senkkopf	etwa 22	5,0 × 60	Verschraubung Kiste
S2	Mehrzweckschrauben, Senkkopf	6	5,0 × 60	Verschraubung Stabilisierungsleisten
S3	Mehrzweckschrauben, Rundkopf	2	5,0 × 25, Kopf-Ø 10	Anschlag Boden
S4	Mehrzweckschrauben, Senkkopf	22	3,0 × 25	Befestigung Spannverschlüsse, Befestigung Schließhaken (hinten), Aufhängung Trennschied, Fixierung hintere Querleiste
S5	Mehrzweckschrauben, Senkkopf	8	3,0 × 35	Befestigung Schließhaken (Seiten)
S6	Mehrzweckschrauben, Senkkopf	8	3,0 × 16	Verbindung Querleisten
S7	Mehrzweckschrauben, Senkkopf	8	3,5 × 35	Befestigung Auflageleisten, Edelstahl
B1	Spannverschluss mit Schließhaken	6		

(Die Schrauben sind für eine Holzdicke von 25 mm vorgesehen. Bei abweichender Holzdicke müssen Sie eventuell etwas andere Maße wählen.)

Zusammenbau der Bienenkiste

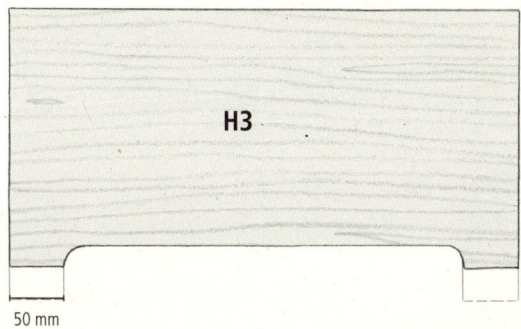

50 mm

Sägen Sie mit der Stichsäge einen Fluglochspalt in das Stirnbrett (H3). Rechts und links bleiben etwa 50 mm Rand, er dient als Anschlag für den Boden. Wenn Sie das Flugloch anzeichnen, sollten Sie an beiden Enden einen Viertelkreis mit einem Radius von 20 mm zeichnen. Als Schablone für die Rundung kann z. B. ein Eierbecher dienen.

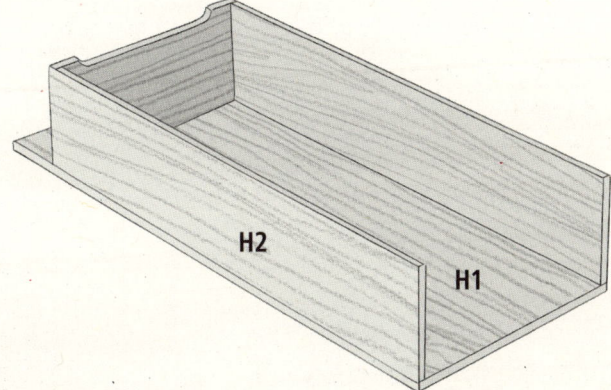

Verschrauben und verleimen Sie den Deckel (H1) mit den Seitenwänden (H2) und dem Stirnbrett (H3), sodass eine Kiste entsteht, die unten und hinten offen ist und vorne einen Dachüberstand von 130 mm hat. Sie sollten Löcher vorbohren, bevor Sie die Bretter verschrauben, damit sich das Holz nicht spaltet.

Vorbereitung des Bodens

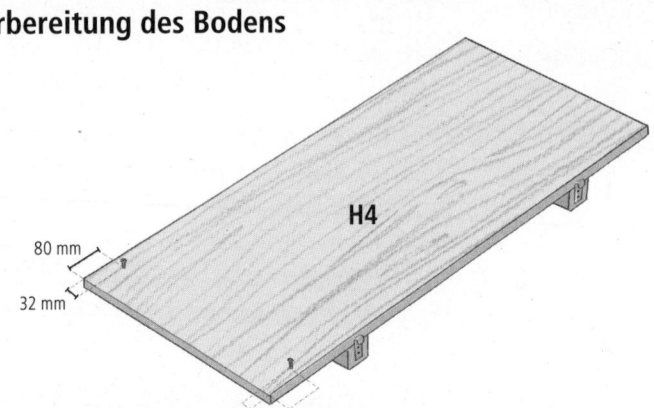

Schrauben und verleimen Sie die beiden Stabilisierungsleisten (H6) in einem Abstand von je 200 mm vom Rand quer unter den Boden (H4) (je drei Schrauben S2). Sie verhindern das Verziehen der Bodenplatte. Wenn Sie ganz sichergehen wollen, dass sich der Kistenkorpus nicht verzieht (z. B. bei nicht ganz optimaler Holzqualität), können Sie das Dach (H1) ebenfalls mit zwei Stabilisierungsleisten vor dem Verziehen schützen.

Schrauben Sie die beiden Rundkopfschrauben (S3) als Anschlag in die beiden vorderen Ecken des Bodens (Innenseite!). Lassen Sie die Schrauben etwa 7 mm herausstehen. Dies erleichtert später das Einsetzen des Bodens bei aufgestellter Kiste.

Anbringen der Spannverschlüsse

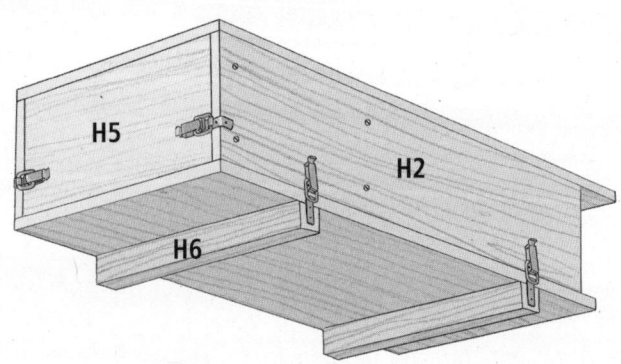

Der Boden wird auf jeder Seite mit zwei Spannverschlüssen (B1) an der Kiste befestigt (S4). Es ist wichtig, dass die Spannverschlüsse an den Seitenwänden (H2) und die zugehörigen Schließhaken am Bodenbrett (H4) sehr fest und tief verschraubt werden (S4/S5), damit sie sich im Laufe der Zeit nicht lockern. Wenn Sie die Verschlüsse auf der Höhe der Standleisten (H6) anbringen, können Sie auch Schließhaken mit einem längeren Schaft verwenden.

Die Rückwand (H5) wird ebenfalls mit zwei Spannverschlüssen (B1) befestigt (S4). Die Verschlüsse sorgen dafür, dass sich die Kiste hinten nicht ausdehnen kann. Bringen Sie die Verschlüsse in einem Abstand von etwa 50 mm vom unteren Rand an der Rückwand an. Die Schließhaken (B1) werden an der Stirnseite der Seitenwände angebracht. Sollten die Schließhaken zu lang sein, können Sie sie nötigenfalls um 90 Grad biegen, damit sie nicht überstehen (Schrauben S4).

Es ist einfacher, die Spannverschlüsse für die Rückwand erst anzubringen, wenn der Innenausbau abgeschlossen ist.

Streichen Sie die Kiste von außen mit einer biozidfreien Holzlasur. Der Innenraum bleibt unbehandelt.

Nachdem Sie die Holzkiste fertig zusammengebaut haben, müssen Sie noch den »Innenausbau« vornehmen (siehe Seite 55). Hierzu werden innen im vorderen Bereich Holzleisten angebracht, an denen die Bienen dann ihre Naturwaben bauen können. Ein Trennschied teilt den Raum in den vorderen großen Brutraum und den hinteren kleinen Erntebereich. Der Erntebereich bleibt zunächst leer und wird zumeist erst im folgenden Jahr in Betrieb genommen.

Teileliste für den Innenausbau

Pos.	Bezeichnung	Menge	Länge (mm)	Querschnitt (mm)	Holzart
L1	Querleisten	2	433	10 × 20	Buche
L2	Querleiste	1	433	10 × 40	Buche
L3	Querleiste	1	433	10 × 30	Buche
L4	Querleiste	1	433	10 × 30	Kiefer/Fichte
L5	Auflageleiste und Anschlag hinten	2	188	20 × 30	Kiefer/Fichte
L6	Auflageleisten Mitte	2	188	20 × 40	Kiefer/Fichte
L7	Trägerleisten Brutwaben	24	628	10 × 16,5	Kiefer/Fichte
L8	Trägerleisten Honigwaben	24	328	10 × 16,5	Kiefer/Fichte

Die Querleisten sollten aus Hartholz (z. B. Buche) sein, weil sie eine möglichst hohe Biegesteifigkeit haben müssen. Die restlichen Leisten sollten aus einem weicheren Holz sein, damit sich das Holz beim Schrauben bzw. Nageln nicht so leicht spaltet.

Die mittlere und hintere Querleiste wird aus zwei Teilen zusammengesetzt (L1 – L3). Wer über eine Fräse verfügt, kann stattdessen auch je eine Holzleiste mit einem Querschnitt von 30 × 20 mm bzw. 40 × 20 mm nehmen und dann Falze von 10 mm herausfräsen.

Die Trägerleisten sind so dimensioniert, dass sie zusammen mit dem Wachsleitstreifen eine Breite von 35 mm haben. Das entspricht dem natürlichen Wabenabstand im Bienenvolk. **Sie müssen dieses Maß einhalten!**

Wenn Sie Probleme mit der Beschaffung passender Leisten haben, können Sie entweder zwei verschiedene Leistenbreiten kombinieren (z. B. 13 und 20 mm) oder Sie müssten Abstandshalter anbringen. Sie könnten z. B. zwei Leisten mit 15 mm Breite nehmen und dann auf einer Seite am Anfang und Ende jeweils kleine Holzschrauben hineindrehen, die 3 mm herausstehen.

Sonstiges Material und Werkzeug

Sie benötigen einen Spiralbohrer (Durchmesser etwa 1,5 mm), 100 Nägel (1,6 × 30 mm), Hammer, Holzraspel, Schleifpapier, 14 Mittelwände (etwa ein Kilogramm) aus Bio- oder Öko-Bienenwachs (Format:»Deutsch Normal«, 350 × 200 mm,»gewalzt« eignet sich besser als»gegossen«, weil die Wände bei der Verarbeitung nicht so schnell brechen).

Tipp Im Modellbau gebräuchliche Spiralbohrer mit einem dickeren Schaft brechen nicht so schnell ab (z. B. Micro-Spiralbohrer Ø 1,6 mm, Proxxon Micromot System). Die Mittelwände lassen sich gut mit einem Pizzaschneider an einem Lineal entlangschneiden. Ein normales Messer ist aber auch geeignet.

Innenausbau der Bienenkiste

Die Bienen bauen ihre Naturwaben in der Bienenkiste an beweglichen Holzleisten, damit sie nötigenfalls einfach aus- und wieder eingebaut werden können. Dazu müssen Sie zunächst zwölf Trägerleisten mit Bauvorgaben aus Wachs anfertigen.

Sie benötigen insgesamt 24 Wachsleitstreifen im Format 300 × 20 mm. Schneiden Sie dazu mit einem Pizzaschneider oder einem scharfen Messer von den 200 mm hohen Mittelwänden jeweils einen 20 mm breiten Streifen ab. Sie benötigen von den verbleibenden 180 mm hohen Mittelwänden im nächsten Jahr zwölf Stück für den Honigraum. Bewahren Sie diese also gut auf.

Schneiden Sie von den übrigen zwei 180 mm hohen Mittelwänden insgesamt weitere zehn Streifen mit einer Breite von 20 mm ab. Wenn Sie ein Kilogramm Mittelwände kaufen, kann es sein, dass Sie nur 13 (statt 14) Platten erhalten. In diesem Falle schneiden Sie einfach zwei 20 mm breite Streifen von jeder Mittelwand ab. Sie haben dann etwas schmälere Platten im Format 300 × 160 mm übrig. Das ist für die Bienen kein Problem. Sie werden die fehlenden Zentimeter unten mit Naturwabenbau ergänzen.

Alle Wachsstreifen werden auf eine Länge von 300 mm gekürzt. Beim Schneiden bitte beachten: Die Wabenorientierung auf den Streifen sollte so sein, dass die Spitze des Wabenmusters nach unten zeigt.

Bau der Trägerleisten

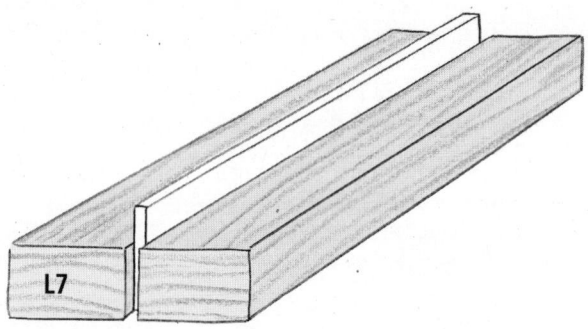

Für die Anfangsstreifen-Trägerleisten werden jeweils zwei Wachsleitstreifen zwischen zwei Rechteckleisten montiert. Die Wachsstreifen werden in der ganzen Höhe der Leisten eingebaut. An beiden Enden der Leisten bleiben etwa 15 mm frei.

Fertigen Sie aus jeweils zwei Rechteckleisten (L7) und zwei Wachsleitstreifen eine Trägerleiste: Bohren Sie durch eine der Leisten gleichmäßig verteilt an fünf Stellen Löcher (Durchmesser 1,5 mm). Bohren Sie vorsichtig ohne zu viel Druck, denn der dünne Bohrer kann schnell abbrechen. Legen Sie je zwei Wachsleitstreifen direkt nebeneinander zwischen die Leisten, und nageln Sie diese zusammen. Die Wachsleitstreifen sollten nicht bis an die Enden der Leiste reichen. Lassen Sie jeweils etwa 15 mm frei, damit die Trägerleisten unter die Falze der Querleisten geschoben werden können.

Beim Zusammennageln sollten Sie darauf achten, dass es keinen Versatz zwischen den beiden Leistenteilen gibt, damit sie später gut unter den Falz passen. Achten Sie außerdem darauf, dass die Wachsleitstreifen von den Holzleisten auf der gesamten Länge gut festgeklemmt werden.

Tipp Legen Sie zunächst nur einen Streifen zwischen die Leisten und schlagen Sie einen der äußeren Nägel ein. Anschließend legen Sie den zweiten Wachsleitstreifen ein und schlagen den zweiten Randnagel ein. Jetzt positionieren Sie die beiden Wachsleitstreifen im Zentrum korrekt und schlagen den mittleren Nagel ein. Zum Schluss werden die verbleibenden beiden Nägel eingeschlagen. Die Wachsleitstreifen sollten bei Zimmertemperatur verarbeitet werden. Wenn sie zu kalt sind, brechen sie leichter.

Die Trägerleisten müssen so in die Bienenkiste eingebaut werden, dass sie später – wenn der gesamte Innenraum mit Waben ausgebaut und mit Zehntausenden Bienen besetzt ist – trotzdem noch zerstörungsfrei und unkompliziert entnommen werden können. Deshalb werden die Leisten nicht direkt eingeschraubt, sondern von einer Stützkonstruktion aus Quer- und Auflageleisten gehalten.

Bau der Querleisten

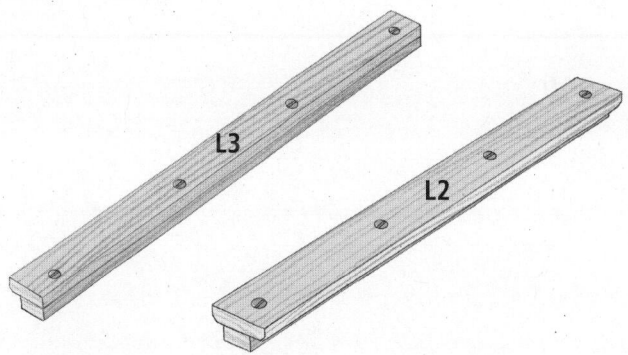

Zunächst müssen Sie die Querleisten zusammenbauen. Die mittlere Querleiste ist ein flaches T-Profil, das aus den Leisten L1 und L2 zusammengesetzt wird. Die hintere Querleiste ist ein »halbes T-Profil« (also ein »L«) und wird aus den Leisten L1 und L3 zusammengesetzt.

57

Verschrauben (je viermal S6, Löcher vorbohren) und verleimen Sie die Leisten gut. Die Schrauben(köpfe) dürfen auf der Seite, wo die Leisten innen das Dach berühren, nicht herausschauen. Verschrauben Sie entweder von der anderen (breiten) Seite ausgehend oder achten Sie darauf, dass die Schraubenköpfe vollständig versenkt sind (Senklöcher bohren). An die Querleisten schleifen Sie mit einer Holzraspel und Schleifpapier eine Fase, sodass sich später die Trägerleisten einfacher einschieben lassen.

Bohren Sie durch die hintere Querleiste in der Mitte (etwa 215 mm) ein Loch (Durchmesser 3 mm). Es dient dazu, die Leiste mit einer Schraube an den Kistendeckel von innen anzuheften, solange der Honigraum leer ist. Andernfalls besteht die Gefahr, dass die Leiste beim Hochstellen der Kiste herausfällt.

Bohren Sie acht Löcher in die Seitenwände (Durchmesser 3,5 mm):
a) (Abstand vom vorderen Rand der Seitenwand): 665 mm
b) (Abstand vom Rand des Dachs): 95 mm
c) (Abstand vom unteren Seitenrand): 70 mm
d) (Abstand vom hinteren Rand der Seitenwand): 40 mm

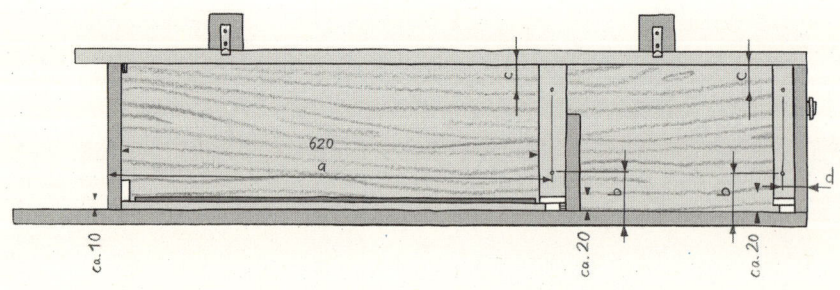

Zum Einsetzen der Trägerleisten drehen Sie die offene Kiste auf das Dach und legen die fertig zusammengebauten Anfangsstreifen-Trägerleisten ein, sodass sie an das Stirnbrett stoßen. Bringen Sie die vordere Querleiste (L4) von innen an das Stirnbrett an (drei Schrauben S4, vorbohren, nicht verleimen), sodass sie als Auflage für die Trägerleisten dient.

Legen Sie die mittlere Querleiste (T-Profil L1/L2) ein und verschrauben Sie die mittleren Auflageleisten (L6) links und rechts an den Seitenwänden von außen, sodass sie die Querleiste stützen.

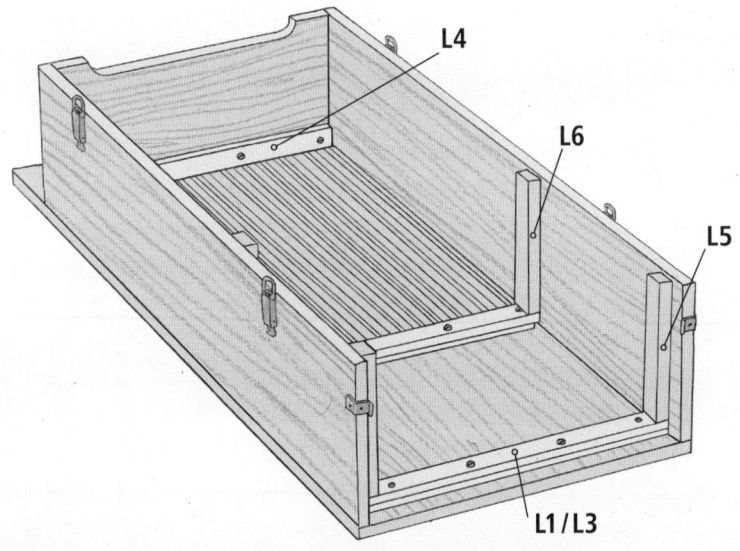

Halten Sie die Auflageleisten zunächst an die richtige Position und bohren Sie dann mit einem kleinen Bohrer (Durchmesser 2 mm) durch die Löcher in der Seitenwand Löcher in die Auflageleisten vor. Anschließend verschrauben Sie die Auflageleisten von außen (S7). Es empfiehlt sich, dafür Edelstahlschrauben zu nehmen, damit die Schrauben nicht rosten und später wieder einfach gelöst werden können.

Die Kiste ist innen etwas breiter als nötig, um Fertigungstoleranzen und das Quellen und Schwinden des Holzes auszugleichen. Schieben Sie die Anfangsstreifen-Trägerleisten zusammen, sodass keine Lücken mehr zwischen den Leisten sind. Klemmen Sie nötigenfalls ein wenig Pappe oder Holzkeile rechts und links zwischen Leisten und Kistenwand, damit sie sich nicht mehr verschieben können. Später, wenn die Bienen ihre Waben gebaut haben, ist alles festgebaut und verkittet und kann sich nicht mehr verschieben.

Befestigen Sie nun die hintere Querleiste mithilfe der hinteren Auflageleisten (L5, siehe Seite 59). Bei Inbetriebnahme einer neuen Bienenkiste werden im hinteren Bereich zunächst noch keine Trägerleisten eingesetzt. Die hinteren Quer- und Auflageleisten müssen Sie aber dennoch schon einbauen. Sie dienen als Anschlag für das Rückbrett.

Damit die hintere Querleiste nicht von den Auflageleisten rutschen kann solange noch keine Trägerleisten hinten eingesetzt sind, fixieren Sie sie mit einer Schraube (S4).

Mittlere Querleiste nicht von innen verschrauben!

Wichtig: Nur die Auflageleisten werden verschraubt, und zwar von außen. Die mittlere Querleiste muss beweglich bleiben und wird alleine von den Auflageleisten gehalten. Wenn Sie später einmal Brutwaben entnehmen müssen, dann können Sie die Querleiste einfach mit diesen vier Schrauben von außen lösen.

Um ganz sicher zu sein, dass die mittlere Querleiste nicht versehentlich herausrutschen kann (und die Brutnestwaben herunterfallen), können Sie sie zusätzlich mit einer Schraube im Dach sichern. (Vorbohren und von außen mit einer 30 mm langen Schraube anheften.)

Vorbereiten des Trennschieds

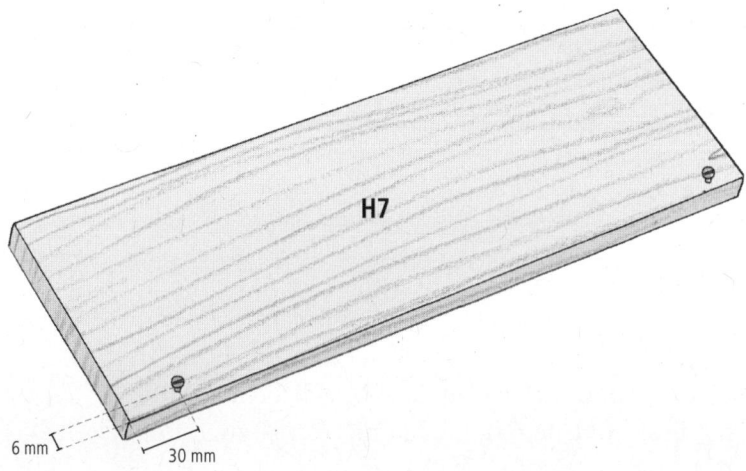

H7

6 mm ⌐ 30 mm

Ein herausnehmbares Trennschied (H7) soll verhindern, dass die Bienen im hinteren Bereich Waben bauen. Drehen Sie zwei Schrauben (S4) so in die oberen beiden Ecken des Trennschieds, dass es in den Falz der mittleren Querleiste gehängt werden kann (vorbohren). Lassen Sie die Schrauben etwa 9 mm herausstehen.

Setzen Sie den Boden, das Trennschied und die Rückwand ein. Die Bienenkiste ist nun dafür bereit, mit einem Bienenschwarm besiedelt zu werden.

Wichtig: Sie dürfen die fertig zusammengebaute Kiste niemals hochkant mit dem Flugloch nach oben stellen! In diesem Falle würden die gesamten Holzleisten des Innenausbaus herausrutschen.

Tipp Wiegen Sie die leere, aber fertig ausgestattete Kiste einmal und notieren Sie das Gewicht. Das erleichtert es Ihnen später, den Wintervorrat abzuschätzen (siehe Seite 106).

Honigraum-Trägerleisten

Honig kann normalerweise erst im zweiten Jahr geerntet werden. Zunächst bleibt der Erntebereich hinter dem Trennschied leer. Spätestens im zweiten Jahr soll er von den Bienen genutzt werden, um Honigüberschüsse für unsere Honigernte dort einzulagern. Damit Sie die Honigwaben einfach entnehmen können, werden auch in diesem Bereich Trägerleisten eingesetzt. Anders als im Brutbereich geben Sie den Bienen im Erntebereich aber nicht nur eine Bauvorgabe mit einem Wachsleitstreifen, sondern komplette Mittelwände. Dies erhöht den Honigertrag, dämpft den Schwarmtrieb und stabilisiert die Waben, sodass sie bei der Ernte nicht zerbrechen.

Die beim Innenausbau übrig gebliebenen Mittelwand-Wachsplatten (siehe Seite 55), die Sie für den Honigraum beiseite gelegt haben, können Sie besser lagern, wenn Sie die Honigraum-Trägerleisten noch nicht sofort – sondern erst bei Bedarf – zusammenbauen. Bei längerer Lagerung der fertigen Honigraum-Trägerleisten besteht die Gefahr, dass die empfindlichen Mittelwände umbiegen oder abbrechen und dadurch unbrauchbar werden. Sie werden normalerweise erst im April des folgenden Jahres benötigt.

Außerhalb der Honigsaison muss der hintere Raum der Bienenkiste leer bleiben. Er dient zur Kontrolle, zur Krankheitsvorsorge und nötigenfalls zum Füttern.

Der Zusammenbau der Honigraum-Trägerleisten erfolgt genauso wie bei den Trägerleisten für den Brutraum. Sie verwenden dazu die restlichen zwölf Mittelwände und kürzen sie auf das Format 300 × 180 mm. Achten Sie auch hierbei auf die richtige Orientierung des Wabenmusters (Spitze nach unten).

Fertigen Sie also aus jeweils zwei Rechteckleisten (L8) und einer Mittelwand eine Honigraum-Trägerleiste: Bohren Sie durch eine der Leisten gleichmäßig verteilt an drei Stellen Löcher (Durchmesser 1,5 mm). Legen Sie eine Mittelwand zwischen die Leisten, und verbinden Sie sie mit Nägeln genauso, wie Sie es auch bei den Trägerleisten für den Brutraum gemacht haben (siehe auch Bauanleitung auf Seite 56).

Die Mittelwände sollten bei Zimmertemperatur verarbeitet werden. Wenn es zu kalt ist, werden sie spröde und brechen leicht. Wenn es dagegen zu warm ist, werden sie weich und können bereits aufgrund ihres eigenen Gewichts umknicken. Suchen Sie sich eine etwa 15 mm hohe Unterlage (z. B. ein Holzbrett), das die Mittelwand stützt, während Sie die Leisten zusammennageln.

Wenn Sie die fertigen Leisten länger lagern müssen, sollten sie kühl (z. B. im Keller) und **hängend** (z. B. in einem passenden Pappkarton) gelagert werden, damit sie sich nicht verformen oder umknicken.

Ständer

Zum Bearbeiten wird die Bienenkiste über die Stirnseite gekippt und mit einem Ständer aufrecht gestellt, um den Boden abnehmen zu können. Als Ständer eignet sich ein Besenstiel, der auf etwa 110 cm gekürzt wird. Die richtige Länge hängt auch von dem genauen Aufstellort und der Art der Ständerbefestigung ab. Sie sollten den Stiel also am besten erst ganz zum Schluss absägen, wenn Sie das Aufstellen der Kiste an ihrem endgültigen Stellplatz ausprobieren können. Da Sie unter allen Umständen verhindern müssen, dass die – mit Bienen besetzte – Kiste umfallen kann, ist ein stabiler Stand wichtig!

Der Ständer wird möglichst weit hinten am Dach der Bienenkiste befestigt.

Wenn Sie nur eine einzelne Bienenkiste haben, können Sie den Ständer fest mit einem Scharnier anbringen. In diesem Falle ist ein rechteckiges Kantholz besser geeignet als ein runder Stab. Die Schrauben, mit denen Sie das Scharnier an das Dach der Bienenkiste schrauben, dürfen nicht in den Innenraum hineinragen, da sie sonst später das Einsetzen der Mittelwände behindern.

Eine größere Standsicherheit hat aber ein starrer Ständer, der nur bei Bedarf aufgesteckt wird. Wenn Sie mehrere Bienenkisten haben, dann brauchen Sie nur einen Ständer für alle Kisten. Dazu benötigen Sie einen Metallschuh, der zwei Schlitze hat, mit denen

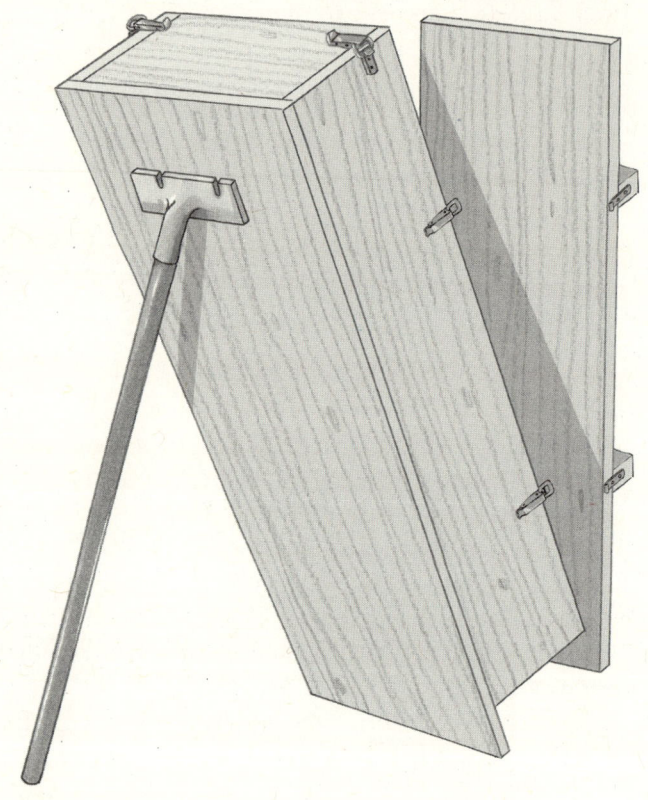

Die Kiste muss stabil stehen, wenn sie zum Öffnen über die Stirnseite gekippt wird.

er unter herausstehende Schrauben geschoben wird. Einen passenden Metallschuh können Sie fertig kaufen (Adressen siehe Seite 153) oder selbst bauen (lassen): Sie benötigen eine Metallhülse passend für einen Stiel mit einem Durchmesser von 24 mm und ein 2 mm starkes Blech mit den Maßen 180 × 50 mm. Sägen Sie die Hülse auf der einen Seite in einem Winkel von 45 Grad ab und schweißen es mittig auf das Blech. Fräsen oder sägen Sie zwei Langlöcher (Breite 6 mm, in 120 mm Abstand zentriert) hinein. Bohren Sie ein Loch in die Hülse und fixieren Sie den Besenstiel mit einer Schraube.

Sie können auch improvisieren, indem Sie sich einen Schuffel (Gartenwerkzeug zum Unkrautjäten) besorgen und dort zwei Schlitze hineinsägen.

Zur Befestigung des Metallschuhs an der Bienenkiste werden dann einfach zwei Rundkopfschrauben (5 × 20 mm) im Abstand von 120 mm (Durchmesser 2 mm, vorbohren) etwa 200 mm vom hinteren Rand des Dachs entfernt hineingeschraubt, sodass Sie den Ständer dort darunterschieben und auch wieder herausziehen können.

Wetterschutz

Die Bienenkiste muss von außen mit einer biozidfreien Holzlasur zum Schutz gegen Feuchtigkeit und UV-Strahlung gestrichen werden. Außerdem sollte sie nicht direkt dem Wetter ausgesetzt sein. Sie sollte weder direkt beregnet noch von der prallen Mittagssonne beschienen werden. Ideal wäre natürlich die Aufstellung unter einem Dachüberstand. Ansonsten wird sie mit einem Wetterschutzdach bedeckt. Das kann z. B. ein Stück Welldach oder eine dünne mit Lackfarbe gestrichene Sperrholzplatte sein (siehe Seite 66). Die Abdeckung wird mittels Spanngurten oder Steinen gesichert.

Die Platte darf auf keinen Fall magnetisch sein, weil sonst der magnetische Orientierungssinn der Bienen gestört wird! Auch eine wasserundurchlässige Farbe oder Beschichtung der Kiste (z. B. Dachpappe) ist nicht geeignet. Das Holz der Bienenkiste muss atmen können, sonst verrottet es schnell, da auch innen eine relativ hohe Luftfeuchtigkeit herrscht. Wichtig ist zudem eine Unterlüftung, damit sich das Holzdach der Kiste bei Sonnenbestrahlung nicht zu sehr aufheizt. Es wirkt sonst wie ein Sonnenkollektor. Das kann im ungünstigsten Fall die Stabilität des Wabenwerks beeinträchtigen und zu Wabenabrissen führen.

Welches Material Sie auswählen, sollten Sie neben der lokalen Verfügbarkeit auch davon abhängig machen, ob Sie eine Kiste alleine oder mehrere nebeneinander aufstellen wollen. Wenn mehrere Kis-

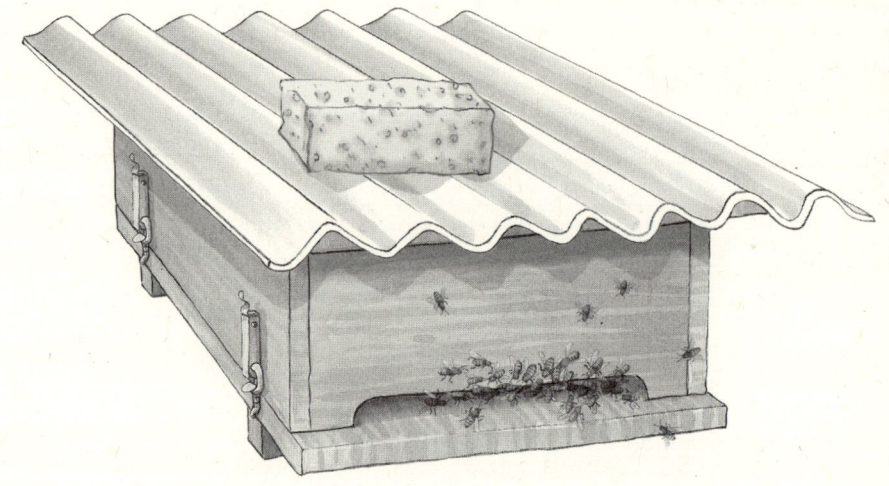

Steht die Bienenkiste im Freien, braucht sie ein Wetterschutzdach aus Kunststoff-Welldachplatten oder dünnem Sperrholz. Die Abdeckung sollte auf Holzleisten liegen, damit sich unter dem Dach keine Hitze staut.

ten nebeneinander stehen, bieten sich Bitumenwelldachplatten an, die Sie überlappend nebeneinander auf die Kästen legen.

Bei Einzelaufstellung können Sie auch einfach eine dünne Sperrholz- oder Furniersperrholzplatte (»Betoplan«) nehmen. Das Sperrholz sollten Sie mit einer wasserfesten hellen Lackfarbe streichen, damit kein Wasser eindringt.

Die Abdeckung sollte in alle Richtungen einen Überstand von mindestens 100 mm haben und nicht direkt auf dem Kistendach, sondern auf Holzleisten liegen, die einen Abstand von mindestens 50 mm halten, damit eine Unterlüftung gewährleistet ist. Wenn die Leisten eine unterschiedliche Höhe haben, gibt es ein Gefälle, und das Wasser kann besser ablaufen.

Achten Sie darauf, dass der Wetterschutz mit wenigen Handgriffen abgenommen werden kann, da die Bienenkiste zu Kontrollen regelmäßig aufgestellt werden muss.

Wie fange ich an?

Zunächst brauchen Sie eine Bienenkiste. Sie können sie, wie beschrieben, mit durchschnittlicher handwerklicher Begabung selbst bauen (siehe Seite 47) oder bei verschiedenen Herstellern fertig oder als Bausatz kaufen (Adressen siehe Seite 153). Sorgen Sie dafür, dass Ihre Bienenkiste spätestens Anfang Mai bezugsfertig an ihrem Platz steht.

Eine Bienenkiste wird – anders als ein Nistkasten – aller Wahrscheinlichkeit nach nicht von alleine durch einen Bienenschwarm besiedelt. Sie müssen sich aktiv bei einem Imker um einen Bienenschwarm bemühen und diesen dann in die Bienenkiste setzen. Die Bienen fangen sofort an, die neue Wohnung in Besitz zu nehmen und Waben zu bauen. Die ersten Wochen nach der Besiedelung sind von großer Bedeutung für die Zukunft des Bienenvolkes. Sie sind für einen Anfänger eine aufregende Zeit, denn der Umgang mit den Bienen muss erst einmal erlernt werden.

Wichtige Hinweise
zum Umgang mit der Bienenkiste

Um die Bienenkiste ganz zu öffnen und in das Wabenwerk der Bienen hineinschauen zu können, muss der Boden abgenommen werden. Dazu kippen Sie die Bienenkiste nach vorne über die Stirnseite und lehnen sie gegen den Ständer. Nun können Sie die Spannverschlüsse lösen und den Boden abnehmen. Vergewissern Sie sich, dass die Bienenkiste sicher steht und nicht umkippen kann. **Die Kiste darf auf gar keinen Fall und unter gar keinen Umständen *über die Seite* gekippt werden! Dabei besteht die Gefahr, dass die Waben umknicken und abreißen!**

In den ersten Wochen nach dem Einzug des Bienenschwarms sollten Sie die Kiste noch nicht mit dem Ständer aufstellen. Kleinere Kontrollen und Füttern der Bienen sind wegen des abnehmbaren Rückbretts von hinten möglich, ohne die Bienenkiste bewegen zu müssen.

Sie sollten an der Bienenkiste grundsätzlich hektische Bewegungen und intensive Gerüche (z. B. Parfüm) vermeiden. Helle Sachen und eine Kopfbedeckung zu tragen, vermindert zusätzlich das Risiko, gestochen zu werden.

Der erste Blick am Bienenstand gilt immer dem Flugloch: Wie ist der Bienenflug? Werden Pollen eingetragen? Gibt es irgendwelche Auffälligkeiten? Im Laufe der Zeit werden Sie lernen, die Zeichen zu deuten. Wenn Sie die Bienenkiste öffnen, sollte grundsätzlich der Smoker zum Einsatz kommen. Ein Rauchstoß durch das Flugloch und von hinten (dazu kurz das Rückbrett abnehmen) kündigt den Imker an. Wenn Sie dann den Boden abgenommen haben, geben Sie noch einmal etwas Rauch über die Waben.

Am Boden sitzen normalerweise auch Bienen. Es ist nicht nötig, die Bienen vom Boden abzufegen. Stellen oder legen Sie den Boden einfach mit den ansitzenden Bienen vorsichtig zur Seite. Sie werden darauf sitzen bleiben. Wenn Sie den Boden wieder einsetzen, sollten Sie darauf achten, keine Bienen zu zerquetschen. Mit etwas Rauch oder dem Bienenbesen können Sie die Bienen vom Rand wegtreiben.

Die beste Zeit für den Start

Die Bienenkiste orientiert sich an den natürlichen Prozessen im Bienenvolk. Daher kann eine Bienenkiste auch nur in der Jahreszeit neu in Betrieb genommen werden, in der die Bienen von sich aus dazu bereit und vorbereitet sind, eine neue Wohnung zu beziehen. Diese sogenannte »Schwarmzeit« liegt in Deutschland zwischen Anfang Mai und Ende Juni. Sie sollten später im Jahr keine Bienenkiste neu besiedeln, wenn der Start problemlos gelingen soll.

Es lässt sich auch bei sorgfältiger Arbeit nicht ganz vermeiden, dass vereinzelt Bienen zerquetscht werden. Vielleicht hilft es Ihnen, wenn Sie sich vergegenwärtigen, dass eine Einzelbiene nur wenige Wochen lebt und jeden Tag etwa tausend Bienen sterben und neu geboren werden. Unser Gegenüber ist letztlich der Bien – das Bienenvolk als Ganzes.

Woher bekomme ich einen Bienenschwarm?

Für einen gelingenden Start mit der Bienenhaltung in der Bienenkiste brauchen Sie einen Naturschwarm. Nur dieser hat einen gut ausgeprägten Bautrieb.

Ob und wann ein Bienenvolk sich durch Schwärmen teilt, lässt sich nicht vorhersagen oder gar steuern. Sie sollten daher **vor** Beginn der Schwarmzeit Kontakt mit Imkern in Ihrer Nachbarschaft und dem örtlichen Imkerverein aufnehmen und Ihren Bedarf anmelden. Außerdem können Sie sich in der Internet-Schwarmbörse registrieren (Adresse siehe 153). Wenn Ihnen dann ein Schwarm angeboten wird, müssen Sie schnell reagieren und die Bienenkiste innerhalb weniger Tage besiedeln. Sie sollten daher ein geeignetes Transportgefäß vorbereiten und eine gute Erreichbarkeit (z. B. per Handy) sicherstellen.

Schwarmkiste Marke Eigenbau

Schwarmkisten können Sie im Imkereifachbedarf kaufen.

Die einfachste Art, eine Schwarmkiste aus »Haushaltsgegenständen« zu improvisieren, besteht aus einem engmaschigen Drahtpapierkorb und einem Blumentopf-Untersetzer aus Plastik, der in die Öffnung passt und als Deckel dient. Zur Befestigung des Deckels können Sie einfach eine Nylonstrumpfhose über den Rand ziehen.

Sie können auch einen ausreichend großen stabilen Pappkarton nehmen, in den Sie auf zwei gegenüberliegenden Seiten zwei mindestens Handteller große Luftlöcher schneiden. Diese werden mit einem Gittergewebe (z. B. Fliegengitter) bienendicht verschlossen. Nachdem der Schwarm in den Pappkarton geschüttet worden ist, kleben Sie den Deckel zum Transport mit Paketklebeband zu.

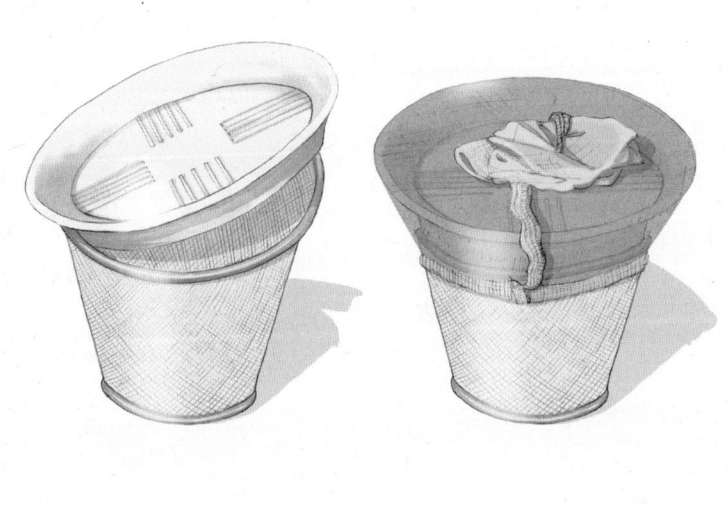

Das Angebot an Naturschwärmen ist geringer als die Nachfrage. Wenn Sie sichergehen wollen, tatsächlich einen Schwarm zu bekommen, sollten Sie verschiedene Optionen verfolgen. Wenn Sie Glück haben, erhalten Sie den Schwarm kostenlos. Ansonsten sind zwischen Hobbyimkern Preise zwischen 25 und 75 € für einen Bienenschwarm üblich.

Sie müssen davon ausgehen, dass der Anbieter von Ihnen erwartet, den Schwarm abzuholen. Fragen Sie aber trotzdem nach, ob der Imker eventuell bereit wäre, die Bienen vorbeizubringen und mit Ihnen zusammen die Bienenkiste zu besiedeln. Wenn Sie den Schwarm abholen müssen, sollten Sie sich vorher mit dem Anbieter verständigen, ob der Schwarm bereits in einem Transportbehälter sitzt, den Sie sich ausleihen können, oder ob Sie selbst einen Behälter mitbringen sollen. Ich rate Ihnen davon ab, die schwere und sperrige Bienenkiste zum Schwarmanbieter mitzunehmen, um dort direkt die Bienen in die Bienenkiste füllen zu lassen.

Sollten Sie keinen Naturschwarm angeboten bekommen, können Sie auch auf einen Kunstschwarm ausweichen, der von jedem Imker aus einem seiner Bienenvölker gebildet werden kann. Damit der Kunstschwarm sich gut in der Bienenkiste entwickelt, sollten Sie den Imker um Folgendes bitten: Der Schwarm sollte nicht zu klein sein (mindestens zwei Kilogramm, besser noch mehr) und nicht zu spät (spätestens Anfang Juni) zur Verfügung stehen. Andernfalls besteht die Gefahr, dass das Bienenvolk sich bis zum Herbst nicht ausreichend gut entwickelt und möglicherweise den Winter nicht überlebt. Außerdem sollte der Kunstschwarm unbedingt eine begattete Königin enthalten und nach der Bildung eine Nacht dunkel, ruhig und kühl in einer gut belüfteten Schwarmkiste zur Ruhe gekommen sein, bevor die Bienenkiste besiedelt wird. Man nennt diese Ruhephase, in der sich der Schwarm zu einem neuen Organismus sammelt, »Dunkel-« oder »Kellerhaft«.

Konventionelle Imker verkaufen junge Bienenvölker oft als »Ableger«. Das sind mehrere, mit Bienen besetzte Waben, die in Holzrähmchen eingebaut sind. Ableger sind für die Besiedelung

> **Vorsicht vor gewerblichen Kunstschwärmen!**
> Manche Imkereifachbedarfs-Händler verkaufen aus Übersee importierte, sogenannte »Paketbienen«, ohne über deren Herkunft aufzuklären. Sie stellen eine große Gefahr für die Gesundheit der lokalen Bienen dar! Außerdem werden sie niemals den notwendigen Bautrieb entfalten können, um in der Bienenkiste ausreichend Naturwaben zu bauen. Diese Art von Kunstschwärmen ist auf gar keinen Fall für die Bienenkiste geeignet!

einer Bienenkiste nicht geeignet, weil die Holzrähmchen nicht in die Bienenkiste eingesetzt werden können und weil sie nicht ausreichend viele Bienen besitzen, um selbst Waben bauen zu können. Bitten Sie den Imker stattdessen darum, einen Kunstschwarm zu bilden.

Bienenschwarm einlogieren

Die Bienenkiste sollte nicht am selben Tag besiedelt werden, an dem der Schwarm ausgezogen ist, sondern eine Nacht in Kellerhaft (siehe Seite 71) zubringen. Es besteht sonst die Gefahr, dass der Schwarm gleich wieder auszieht. Optimal ist eine Besiedelung am Abend des folgenden Tages.

Der Bienenschwarm hat nur Vorräte für wenige Tage dabei. Wenn er nicht innerhalb der folgenden zwei Tage aufgestellt werden kann, müssten Sie ihn mit Zuckerlösung (ein Gewichtsteil Wasser, ein Teil Zucker) oder speziellem Futterteig füttern. Das sollte aber nach Möglichkeit vermieden werden, weil dann ein Teil des Bautriebs wirkungslos »verpufft«.

Kunstschwärme sollten Sie bereits ab dem zweiten Tag füttern, wenn Sie sie nicht am Folgetag einlogieren können. Da Sie Ihren ersten Schwarm höchstwahrscheinlich von einem erfahreneren Imker bekommen, wird dieser auch auf eine gute Versorgung des Schwarmes achten.

Wir empfehlen die Bienenkiste in den ersten Tagen so aufzustellen, dass sie vorne etwas höher (1 bis 2 cm) steht als hinten – also ein leichtes Gefälle nach hinten hat. Wir erhoffen uns davon, dass die Bienen eher vorne, zum Flugloch hin, anfangen zu bauen. Schieben Sie dazu z. B. eine Holzleiste vorne unter die Kiste, die Sie dann nach einer Woche wieder entfernen können.

Es gibt zwei bewährte Methoden, den Bienenschwarm in die Bienenkiste hineinzubekommen:

▷ Sie können die Kiste auf den Ständer stellen, das Rückbrett herausnehmen und die Bienen durch diese Öffnung hineinschütten.

▷ Schöner und natürlicher ist das »Einlaufenlassen«. Dazu schütten Sie die Bienen außerhalb der Bienenkiste auf eine schräge Ebene, die zum Flugloch führt. Die Bienen werden in einer eindrucksvollen »Prozession« in ihr neues Heim einziehen. Vielleicht sehen Sie dabei sogar die Königin! Dieser erste intensive Kontakt mit Ihren Bienen ist gut dazu geeignet, Ängste im Blick auf den Umgang mit den Bienen abzubauen. Sie werden begeistert sein!

Methode A: Bienen hineinschütten

Stopfen Sie einen Schaumstoffstreifen oder ein Tuch in das Flugloch. Stellen Sie die Bienenkiste mithilfe des Ständers auf und nehmen Sie das Rückbrett (nicht den Boden!) und das Trennschied heraus. Stoßen Sie die Schwarmkiste kräftig auf den Boden, sodass alle Bienen vom Deckel abfallen. Nehmen Sie den Deckel ab und sprühen Sie etwas Wasser aus einem Zerstäuber auf die Bienen, damit sie nicht so schnell auffliegen.

Nun schütten Sie die Bienen einfach von hinten (bzw. oben – die Kiste steht ja aufrecht) in die Bienenkiste. Stoßen Sie die Schwarmkiste noch ein bis zwei weitere Male auf und schütten Sie weitere Bienen hinterher. Es macht nichts, wenn nicht alle Bienen mitkommen. Einige fliegen sowieso schon wieder in der Gegend herum. Um einzelne Bienen brauchen Sie sich gar nicht zu kümmern. Hauptsache der Großteil der Bienen (und mit ihnen die Königin) ist in der

Bienenkiste. Fegen Sie gegebenenfalls mit dem Bienenbesen Bienen, die an den Wänden im hinteren Raum (Honigraum) sitzen oder sich im Spalt der mittleren Querleiste verfangen haben, nach vorne bzw. unten. Falls einzelne Bienen dort sitzen bleiben, ist das aber nicht weiter schlimm.

Setzen Sie das Trennschied sofort wieder ein. Verschließen Sie die Bienenkiste mit der Rückwand und kippen Sie sie wieder in die normale Lage. Wenn die Kiste an ihrem endgültigen Platz steht, öffnen Sie das Flugloch. Die leere Schwarmkiste und den Deckel der Schwarmkiste, an denen vermutlich immer noch ein paar Bienen sitzen, lassen Sie vor dem Flugloch liegen. Die Bienen, die jetzt noch nicht in der neuen Kiste sind, werden alleine den Weg in ihr neues Heim finden. Sie können die offene Schwarmkiste auch mit der Öffnung an das Flugloch lehnen, sodass die restlichen Bienen zu Fuß hineingehen können.

Methode B: Bienen einlaufen lassen

Setzen Sie das Trennschied ein und befestigen Sie ein ausreichend großes weißes Tuch (z. B. ein Bettlaken – ein Handtuch ist zu klein) mit Heftzwecken vor dem Flugloch am Boden der Bienenkiste. Legen Sie das Tuch nun in Längsrichtung vor der Bienenkiste aus und beschweren Sie es auf der anderen Seite mit Steinen oder Ähnlichem, sodass eine schräge Ebene entsteht. Sie können auch ein etwa 1 m langes und 40 cm breites Brett nehmen.

Das Tuch bzw. Brett sollte am Flugloch schmäler sein als die Kiste. Sonst kann es in Ausnahmefällen passieren, dass die Bienen am Rand der Kiste am Flugloch vorbeimarschieren und sich unter dem Tuch oder der Bienenkiste sammeln, statt hineinzugehen. Sie können zusätzlich die Seitenwände und das Stirnbrett der Bienenkiste mit Wasser einsprühen, um die Bienen davon abzuhalten.

Je nach Bauart der Schwarmkiste stoßen Sie diese entweder einmal auf und schütten die Bienen dann auf das Tuch, oder Sie nehmen vorsichtig den Deckel ab (an dem die Bienen in einer Schwarmtraube hängen) und lösen die Bienen über dem Tuch mit einem

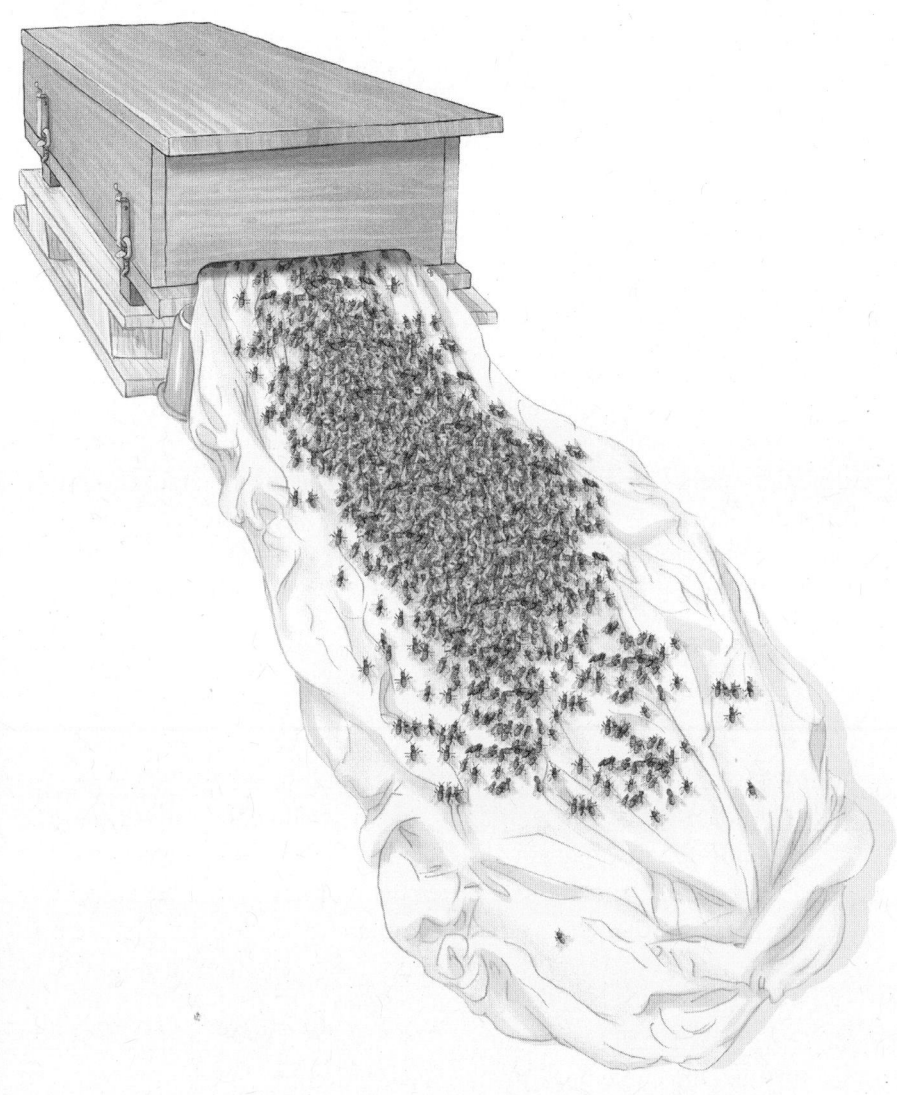

*Das »Einlaufenlassen« ist eine bewährte Methode, um den Bienenschwarm
in der Bienenkiste einzulogieren. Das Beobachten der Bienenprozession
ist für Erwachsene und Kinder ein eindrucksvolles Erlebnis.*

Ruck vom Deckel. In der Kiste oder am Deckel verbleibende Bienen werden noch einmal abgeschüttelt (gegebenenfalls Kiste nochmals kräftig aufstoßen und dann ein weiteres Mal schütten) oder abgefegt. Deckel und Kiste werden am Fuß der Rampe abgelegt, sodass die verbleibenden Bienen später noch den Weg zum Eingang finden können.

Wenn Sie mit einem Wasserzerstäuber die Bienenmasse etwas einsprühen, fliegen nicht so viele Bienen auf. Der größte Teil der Bienenmasse verharrt zunächst an dem Platz, wo sie ausgeschüttet worden ist. Einige Bienen bewegen sich aber reflexartig nach oben. Sobald sie das Flugloch entdeckt haben, geben sie ihren Schwestern ein Pheromonsignal (»Sterzeln«) und weisen ihnen so den Weg. Sobald dies geschieht, setzen sich die zehn- bis zwanzigtausend Bienen des Schwarms zu Fuß in Bewegung und ziehen in einer großen »Prozession« in das neue Heim ein.

Sie können die erste Orientierungsphase abkürzen, indem Sie ein paar Esslöffel Bienen direkt vor das Flugloch geben.

Es dauert etwa eine halbe bis eine Stunde, bis die meisten Bienen in der Kiste sind. Vielleicht sehen Sie sogar die Königin, die irgendwo inmitten des Bienenstroms läuft. Spätestens, wenn es dunkel wird, müssten eigentlich alle Bienen in der Bienenkiste sein. Dass ein paar tote Bienen auf dem Tuch liegen bleiben, ist normal.

Es kommt manchmal vor, dass faustgroße Haufen Bienen zurückbleiben. Solange der größte Teil der Bienen bereits in die Kiste eingezogen ist, ist dies kein ernstes Problem. Manchmal enthält ein Bienenschwarm mehrere Königinnen, und eine kleine Gruppe will sich selbstständig machen. Sie können versuchen, diesen Teil auch noch vor das Flugloch zu »löffeln«, oder darauf vertrauen, dass die Natur die Dinge alleine sinnvoll regelt. Durch diese schonende Art der Besiedlung kann es auch vorkommen, dass sich – falls mehrere Königinnen im Schwarm waren – verschiedene kleine Bienentrauben an entgegengesetzten Ecken in der Kiste bilden. Es ist nicht nötig einzugreifen. Normalerweise vereinigen sich diese »Grüppchen« im Laufe eines Tages. Achten Sie nur darauf, dass nicht eine

Fraktion Schutz auf der anderen Seite des Trennschieds im Honigraum sucht und dort anfängt zu bauen.

Bienentraube aus dem Honigraum entfernen

Es ist sehr wichtig, dass die Bienen zunächst nur im vorderen Raum bauen! Kontrollieren Sie am nächsten Tag von hinten (die Kiste sollte in den ersten drei Wochen aber noch nicht gekippt werden!), ob die Bienentraube wirklich vorne sitzt. In seltenen Fällen können sich die Bienen nach hinten verirren.

Falls sich die Bienentraube also im hinteren Raum (Honigraum) hinter dem Trennschied befinden sollte, müssen Sie eingreifen und sie dazu bringen, sich vorne anzusiedeln:

▷ Kiste auf das Dach legen (über die Stirnseite kippen) und den Boden abnehmen.

▷ Bienen mit Wasser aus dem Bestäuber anfeuchten, Trennschied entnehmen.

▷ Boden wieder anbringen, Flugloch mit Schaumstoff oder Lappen verschließen, Kiste aufstellen, sodass das Flugloch nach unten zeigt, und einmal kräftig aufstoßen, damit die Bienen wirklich alle nach vorne rutschen.

▷ Rückwand abnehmen und die bereits gebauten Waben im Honigraum mit dem Stockmeißel abschneiden/kratzen, restliche Bienen mit dem Bienenbesen abfegen.

Vorübergehend geschlossen!

Sie können von vornherein verhindern, dass sich die Bienen im hinteren Raum ansiedeln, wenn Sie den Spalt unter dem Trennschied übergangsweise ganz schließen. Dazu ist beispielsweise ein passend zurechtgesägtes Holzbrett, dicke Pappe oder ein passender Schaumstoffblock geeignet. Nach ein paar Tagen können Sie diesen provisorischen Verschluss wieder entfernen.

▷ Trennschied wieder einsetzen und die Kiste in die Normalposition stellen.

▷ Den Spalt unter dem Trennschied für ein paar Tage verschließen, sodass keine Bienen mehr in den hinteren Raum gelangen können, und das Rückbrett wieder einsetzen.

Wenn die Bienen erst mal im vorderen Raum angefangen haben zu bauen, werden sie nicht wieder nach hinten wandern.

Die ersten Wochen

Der Schwarm beginnt sofort, Waben zu bauen. Das macht er aber zunächst nur zwei bis drei Wochen lang. Diese ersten Wochen sind von entscheidender Bedeutung für die Zukunft des Bienenvolkes! Es baut nur gut, wenn es einen kontinuierlichen Futterstrom gibt. Wenn das Wetter über mehrere Tage sehr regnerisch oder kalt ist, können die Bienen nicht ausfliegen und nichts sammeln. Daher ist es gut, in den ersten drei Wochen die Bienen zu füttern, um sicherzustellen, dass gut gebaut wird. Sie können eine flüssige Zuckerlösung füttern oder speziellen Futterteig.

Wenn Sie unsicher über die Trachtsituation sind, sollten Sie in jedem Fall füttern. Im schlimmsten Fall haben Sie überflüssig gefüttert. Wenn die Bienen aber einen schlechten Start haben, kann man das nachträglich nur noch schwer ausgleichen.

Flüssig füttern

Mischen Sie eine Zuckerlösung (ein Gewichtsteil Wasser, ein Teil Zucker) an und geben Sie drei Wochen lang ein bis zwei Liter, einmal pro Woche. Die Zuckerlösung wird in einem offenen Behälter in den hinteren Raum gestellt und bis ans Trennschied gerückt (siehe Seite 106, Kapitel »Auffütterung und Wintervorbereitung«). Die Zuckerlösung, mit der ein Schwarm gefüttert wird, ist absichtlich etwas dünner als bei der Winterauffütterung. Als Startfütterung soll sie vor allem den Bautrieb anregen und die Bienen etwas beschäftigen. Bei der Winterauffütterung sorgt die höhere Konzentration dafür, dass die Bienen keine überflüssige Arbeit bei der Einlagerung der Vorräte haben.

Mit Futterteig füttern

Futterteig kann im Imkerfachhandel bezogen oder auch selbst aus Puderzucker und Honig hergestellt werden (drei bis vier Teile Puderzucker, ein Teil Honig, siehe Seite 80). Die Herstellung bzw. Beschaffung von Futterteig ist aufwendiger und teurer, hat aber den Vorteil, dass Sie seltener beim Bienenvolk vorbeischauen müssen, denn nur, wenn es keine Tracht gibt, interessieren sich die Bienen für den Futterteig. Ein 2,5-Kilogramm-Paket kann durchaus mehrere Wochen reichen. Wenn es verbraucht ist, legen Sie ein neues Paket ein.

Zum Füttern geben Sie ein Paket Futterteig auf einer flachen Unterlage oder Folie von hinten in die Kiste. Sofern der Teigfladen flach genug ist, können Sie ihn unter dem Trennschied hindurch ein Stück weit in den vorderen Bereich schieben. (Bitte denken Sie daran, dass in den ersten Wochen die Kiste noch nicht gekippt werden sollte.) Sie können über die gesamte erste Saison Futterteig im Bienenvolk belassen. Er wird nur angerührt, wenn es draußen nichts zu sammeln gibt.

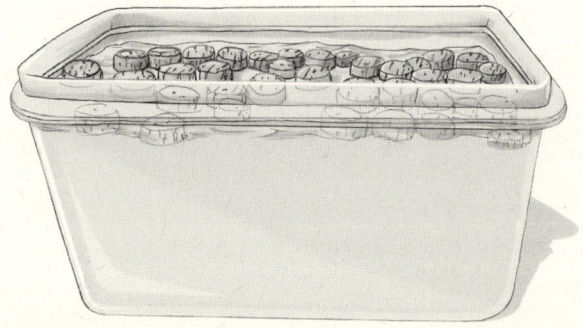

Die Zuckerlösung wird in einem offenen Behälter in den Honigraum gestellt und bis ans Trennschied herangerückt. In Scheiben geschnittene Weinkorken verhindern, dass Bienen im Flüssigfutter ertrinken.

Rezept für Futterteig

Die Zutaten bestehen aus Puderzucker und Blütenhonig. Sie dürfen nur Honig verwenden, der garantiert keine Faulbrutsporen enthält (siehe Seite 44). Da Sie am Anfang ja noch keinen eigenen Honig haben, sollten Sie Honig von einem Imker kaufen, den Sie persönlich kennen und den Sie darüber informiert haben, was Sie damit vorhaben. Honig aus dem Einzelhandel sollten Sie grundsätzlich niemals verfüttern.

Nehmen Sie drei bis vier Teile Puderzucker und geben diesem nach und nach durch Mischen und Kneten einen Teil leicht erwärmten Honig hinzu (nötigenfalls mit bis zu zehn Prozent Wasser strecken). Die Bearbeitung der Masse geschieht so lange, bis diese sich trocken anfühlt und nicht mehr klebt. Verarbeiten Sie nur kleinere Mengen auf einmal. Kiloweise geht das gut, größere Mengen sind aber eine echte »Schufterei«. (Trotzdem darf man auf keinen Fall eine Küchenmaschine nehmen: Die Knethaken würden verbiegen und der Motor durchbrennen!) Wichtig ist, dass das fertige Produkt nicht klebrig ist, sondern eine marzipanartige Konsistenz hat. Es empfiehlt sich, Portionen von maximal zwei bis drei Kilo in die Bienenkiste einzulegen.

Es ist besser, nicht sofort zu füttern, sondern zwei bis drei Tage zu warten (wenn die Witterung und die Trachtbedingungen das zulassen). Wenn Sie sofort nach dem Einlogieren füttern, besteht die Gefahr, dass die Bienen erneut ausschwärmen. Außerdem zieht das Futter die Bienen nach hinten und sie bauen dann zuerst Waben, die näher am Trennschied und weiter vom Flugloch entfernt liegen. Es ist aber besser, wenn sie mit dem Wabenbau nahe beim Flugloch beginnen.

In den ersten Wochen sollten Sie die Bienenkiste noch nicht durch Aufstellen mit dem Ständer und Abnehmen des Bodens öffnen! Das junge Wabenwerk ist noch sehr empfindlich und könnte abbrechen oder umbiegen. Sie können aber problemlos das Rückbrett abnehmen und von hinten unter dem Trennschied in den vorderen Raum spähen. Sie werden staunen, wie schnell der Waben-körper wächst.

Weitere Arbeiten im ersten Jahr

Das junge Bienenvolk benötigt das erste Jahr für die Entwicklung. Ganz frühe kräftige Schwärme, die bereits in der ersten Maihälfte einlogiert wurden, können bereits im ersten Jahr eine Honigernte liefern. Normalerweise können Sie im ersten Jahr aber noch keinen Honig ernten. Der Betreuungsaufwand im ersten Jahr ist daher minimal.

Das Hauptziel im ersten Jahr besteht darin, dass der Brutbereich möglichst weit mit Waben ausgebaut wird. Deshalb empfehle ich auch, den Schwarm in den ersten Wochen zu füttern. Wenn es keine gute Tracht gibt, ist es zweckmäßig, bis zum Herbst in kleinen Portionen weiterzufüttern. Wie viel und ob gefüttert werden muss, ist für einen Anfänger nicht so leicht zu beurteilen. Es ist auch nicht gut, die Bienen zu überfüttern. Bei dieser Frage ist es daher hilfreich, sich mit anderen Imkern aus der Region auszutauschen.

Bei einer ausgewogenen Tracht, wie sie z. B. in Großstädten herrscht, ist es im Normalfall nicht nötig, nach den ersten Wochen weiter flüssig zu füttern.

Im August sollte mindestens der halbe vordere Raum ausgebaut sein. Kräftige frühe Schwärme bauen im ersten Jahr sogar den gesamten vorderen Raum aus. Der Honigraum bleibt normalerweise im ersten Jahr leer.

Die weiteren Arbeitsschritte im ersten Jahr unterscheiden sich bei einem Jungvolk nicht von den Bienenvölkern, die schon einen Winter hinter sich haben: Sie müssen das Bienenvolk auf Varroamilben kontrollieren und entmilben, darauf achten, dass genügend Vorräte für den Winter vorhanden sind, im Herbst und Winter das Flugloch vor dem Eindringen von Mäusen schützen und im Winter eine Restentmilbung mit Oxalsäure durchführen (mehr dazu in den einzelnen Abschnitten ab Seite 106).

Bienenkiste versetzen

Wenn Sie die Bienenkiste an einen neuen Ort stellen möchten, sollte dieser außerhalb des Flugradius der Bienen (im Idealfall mehr als 3 km) liegen. Die Bienen kennen ihre Umgebung und würden immer wieder an den alten Standort zurückfliegen. Wenn die Bienenkiste weiter entfernt steht, wissen die Bienen nicht mehr, wo sie sind und fliegen sich neu ein.

Wenn Sie die Kiste innerhalb des Flugradius verstellen müssen (das gilt auch für wenige Meter), müssen Sie das in zwei Schritten tun. Bringen Sie sie zunächst an einen Ort, der außerhalb des Flugradius liegt, und warten Sie drei bis vier Wochen, bis alle Bienen, die den alten Ort noch kennen, gestorben sind. Dann können Sie die Kiste wieder in der Nähe des alten Ortes aufstellen. Eine weitere Möglichkeit besteht darin, die Bienenkiste im Winter kurz vor dem Reinigungsflug zu versetzen, weil die Bienen sich nach der Überwinterung auch wieder neu einfliegen müssen.

Verschließen Sie im nächsten Schritt spätabends nach Ende des Bienenflugs das Flugloch, damit keine Flugbienen verwaist am alten Standort zurückbleiben. Stopfen Sie z.B. einen Schaumstoffstreifen oder ein Tuch hinein. Nehmen Sie dann hinten das Rückbrett heraus und verschließen Sie die Rückseite mit einem Lüftungsgitter (z.B. einem Fliegengitter). Am besten schlagen Sie das Gittergewebe um die Kante und kleben es mit ein paar Lagen Klebeband fest.

Idealerweise transportieren Sie die Kiste nachts oder am frühen Morgen, wenn es noch kühler ist. Tragen Sie die Kiste horizontal zu zweit und vermeiden Sie heftige Erschütterungen. Insbesondere junges Wabenwerk bricht leicht ab.

Wichtig! Wenn Sie die Kiste hochkant stellen müssen, dann nur nach vorne kippen! Niemals über die Seite (die Waben könnten abbrechen) und erst recht nicht nach hinten (die Trägerleisten würden herausrutschen).

Am neuen Ort können Sie nach einer kurzen Wartezeit das Flugloch sofort wieder öffnen und das Rückbrett wieder einsetzen.

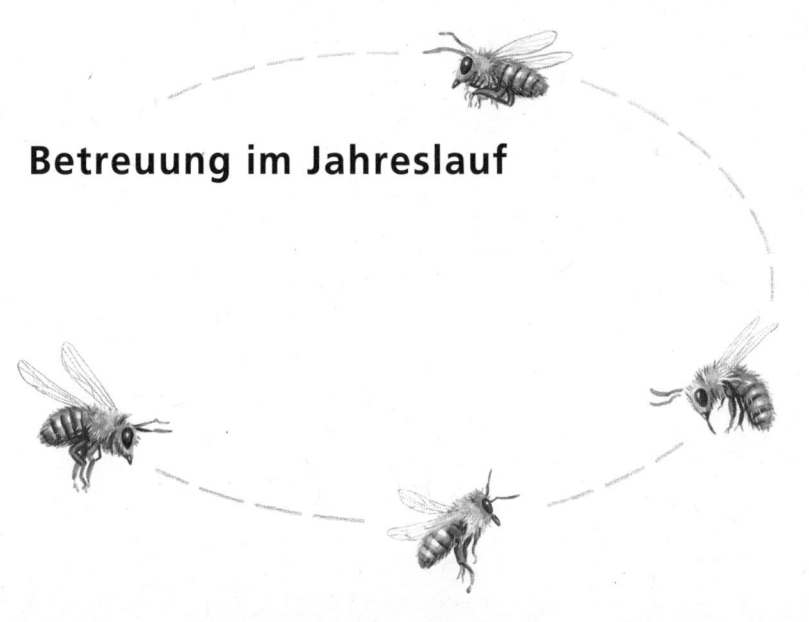

Betreuung im Jahreslauf

Bienen haben einen ausgeprägten Jahresrhythmus und orientieren sich stark an der Tageslänge. Sommer- und Wintersonnenwende (21. Juni und 21. Dezember) sind daher zentrale Eckpunkte für den Lebenszyklus eines Bienenvolkes. Außerdem hat der Witterungsverlauf einen erheblichen Einfluss auf die Volksentwicklung. Sie können die notwendigen Betreuungsmaßnahmen daher nicht einfach nach dem Kalender planen, sondern müssen lernen, den jeweiligen Entwicklungsstand des Bienenvolkes und der Vegetation zu beurteilen, um den richtigen Zeitpunkt abpassen zu können. In diesem Kapitel gehe ich mit Ihnen einmal durch das Bienenjahr und beschreibe die notwendigen Tätigkeiten und den jeweils richtigen Zeitpunkt dafür.

Durchlenzung und Frühjahrsdurchsicht

Die Zeit im Frühjahr bis zum Beginn des »großen Blühens« nennt man »Durchlenzung«. Am ersten sonnigen warmen Frühlingstag mit Außentemperaturen von mindestens 10 bis 12 Grad Celsius nutzen die Bienen die Gelegenheit, nach Wochen oder Monaten das erste Mal wieder die Kotblase zu entleeren. Dieses Ereignis nennt

Entwicklungsphasen des Bien und Betreuungsmaßnahmen im Jahreslauf

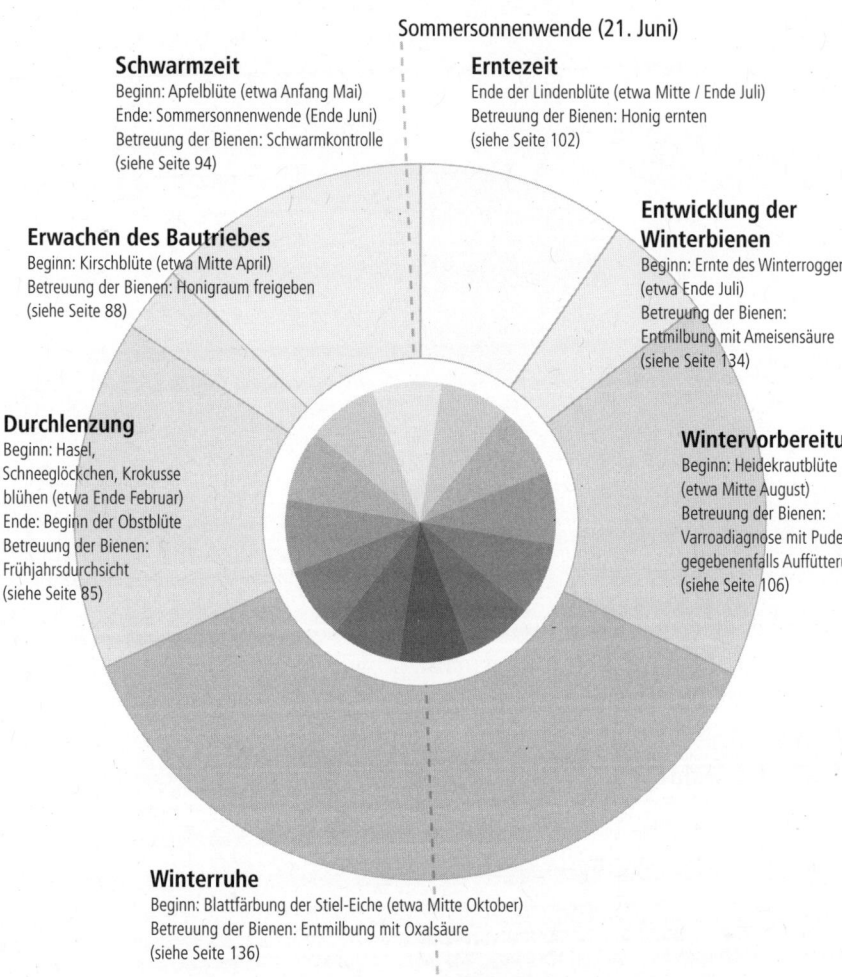

Sommersonnenwende (21. Juni)

Schwarmzeit
Beginn: Apfelblüte (etwa Anfang Mai)
Ende: Sommersonnenwende (Ende Juni)
Betreuung der Bienen: Schwarmkontrolle
(siehe Seite 94)

Erntezeit
Ende der Lindenblüte (etwa Mitte / Ende Juli)
Betreuung der Bienen: Honig ernten
(siehe Seite 102)

Erwachen des Bautriebes
Beginn: Kirschblüte (etwa Mitte April)
Betreuung der Bienen: Honigraum freigeben
(siehe Seite 88)

Entwicklung der Winterbienen
Beginn: Ernte des Winterroggens
(etwa Ende Juli)
Betreuung der Bienen:
Entmilbung mit Ameisensäure
(siehe Seite 134)

Durchlenzung
Beginn: Hasel,
Schneeglöckchen, Krokusse
blühen (etwa Ende Februar)
Ende: Beginn der Obstblüte
Betreuung der Bienen:
Frühjahrsdurchsicht
(siehe Seite 85)

Wintervorbereitung
Beginn: Heidekrautblüte
(etwa Mitte August)
Betreuung der Bienen:
Varroadiagnose mit Puderzuck
gegebenenfalls Auffütterung
(siehe Seite 106)

Winterruhe
Beginn: Blattfärbung der Stiel-Eiche (etwa Mitte Oktober)
Betreuung der Bienen: Entmilbung mit Oxalsäure
(siehe Seite 136)

Wintersonnenwende (21. Dezember)

Das Bienenjahr wird anhand periodisch wiederkehrender Wachstums- und Entwicklungsphasen von Pflanzen dargestellt. Der Beginn der für den Zeitraum charakteristischen Vegetationsstadien wird von Beobachtern des Deutschen Wetterdienstes festgehalten (Phänologisches Tagebuch). Je nach Region und Jahr, kann es Abweichungen geben. Jeder Abschnitt wird durch eine phänologische Phase eröffnet und mit dem Beginn der nächsten Phase beendet.

man »Reinigungsflug«. Die Bienen besprenkeln die Umgebung rund um die Bienenkiste mit zahlreichen hellbraunen Kotspritzern. Es kann auch sein, dass die Front der Bienenkiste dabei beschmutzt wird. Machen Sie das Stirnbrett nötigenfalls bei Gelegenheit mit dem Stockmeißel und einem feuchten Tuch wieder sauber. Eine sehr stark verschmutzte Front kann auf eine Durchfallerkrankung hinweisen. Achten Sie in diesem Falle beim ersten Öffnen der Bienenkiste darauf, ob auch innen auf den Waben oder Seitenwänden Kotspuren zu finden sind (siehe Seite 141).

Immer, wenn die Temperaturen 10 Grad Celsius übersteigen, begeben sich die Bienen auf ihre Sammelflüge. Das kann sogar schon an manchen Tagen im Februar der Fall sein. Zu dieser Zeit gibt es kaum blühende Pflanzen. Umso wertvoller sind für die Bienen Frühblüher wie Krokusse, Erlen und Weiden. Die weiblichen Salweiden können sogar schon gute Nektarerträge liefern.

Zwischen März und April, wenn die Bienen tagsüber schon wieder regelmäßig ausfliegen, sollten Sie den Mäuseschutz (siehe Seite 109) entfernen. Er wird erst im Herbst wieder angebracht.

An einem freundlichen Frühlingstag im April mit Temperaturen um die 20 Grad Celsius können Sie eine erste »Frühjahrsdurchsicht« durchführen: Am Flugloch können Sie schon wichtige Informationen über den Zustand des Bienenvolkes sammeln: Gibt es einen regen Bienenflug? Ein wichtiger Hinweis besteht darin, dass Pollen eingetragen werden. Wenn zu dieser Jahreszeit an freundlichen Tagen intensiv Pollen gesammelt wird, können Sie davon ausgehen, dass das Bienenvolk weiselrichtig ist, d. h. dass es eine gesunde Königin hat, die Eier legt und daher bereits mit der Brutpflege beschäftigt ist. Es ist dann nicht zwingend nötig, die Bienenkiste zu diesem Zeitpunkt bereits richtig zu öffnen.

Die meisten Bienenhalter sind aber nach dem langen Winter neugierig und wollen ganz genau wissen, ob mit den Bienen alles in Ordnung ist. Als Anfänger ist es außerdem wichtig, möglichst viele Eindrücke zu sammeln, um den Zustand des Bienenvolkes richtig beurteilen zu lernen.

Nehmen Sie zunächst das Rückbrett ab und schauen Sie von hinten hinein. Außer wenigen toten Bienen und Wachskrümeln sollte sich bei einem gesunden Bienenvolk nicht viel auf dem Boden finden lassen. Den sogenannten »Wintertotenfall« – die Bienen, die während des Winters gestorben sind – haben die Bienen wahrscheinlich schon vorher ausgeräumt. Es ist normal, dass im Winter Hunderte von Bienen sterben. Falls Sie also bei einem frühen Blick in das Bienenvolk viele tote Bienen unter den Waben liegen sehen, ist das für sich genommen noch kein Grund zur Beunruhigung.

Um sicher zu sein, dass die Vorräte bis zum Beginn der Obstblüte reichen, können Sie die Bienenkiste wiegen (siehe Seite 106) und die Daten mit Ihren Aufzeichnungen vor der Einwinterung vergleichen: Wie viele Vorräte sind verbraucht worden? Wie viele Vorräte sind schätzungsweise noch vorhanden? Anfang April sollte die Futterreserve noch deutlich über fünf Kilogramm betragen.

Verdeckelte Arbeiterinnen-Brutzellen zeigen,
dass das Volk eine gesunde, eierlegende Königin hat.

Anschließend können Sie die Bienenkiste das erste Mal richtig öffnen. Nehmen Sie den Boden ab und reinigen ihn bei dieser Gelegenheit. Stoßen Sie die Bienen vom Bodenbrett auf eine Unterlage ab und kratzen Sie das Brett anschließend gründlich mit der gebogenen Seite des Stockmeißels sauber.

Schauen Sie sich das Wabenwerk sorgfältig an: Sind die Wabengassen gut mit Bienen besetzt (sechs bis acht besetzte Wabengassen sind Anfang April normal) und machen sie einen vitalen und zugleich ruhigen Eindruck?

Im Zentrum des Wabenwerks, wo die Waben am dunkelsten sind, müssten eigentlich bereits verdeckelte Arbeiterinnen-Brutzellen zu finden sein. Arbeiterinnenzellen erkennen Sie daran, dass sie flächig mit einem etwas rau wirkenden Deckel verschlossen sind. Sie müssen lernen, diese von Drohnenbrut, Pollen- und Honigzellen zu unterscheiden:

▷ Drohnenbrut hat etwas größere Zellen mit Zelldeckeln, die sich nach außen wölben.

▷ Pollenzellen enthalten Pollen in oft leuchtenden Farben und sind nicht verdeckelt.

▷ Honigzellen haben einen leicht durchscheinenden, glatten Wachsdeckel.

Treiben Sie die Bienen mit Rauch aus dem Smoker in die Wabengassen zurück, sodass Sie ein Stück weit in die Gassen hineinschauen können. Wenn Sie keine verdeckelten Brutzellen sehen können, probieren Sie es an einer anderen Stelle im Zentrum. Sie können die Waben auch vorsichtig etwas auseinanderbiegen und eine Taschenlampe verwenden, um tiefer in die Gassen hineinsehen zu können. Sobald Sie verdeckelte Arbeiterinnen-Brutzellen gefunden haben, können Sie die Suche einstellen: Nun wissen Sie sicher, dass das Volk weiselrichtig ist – also eine gesunde, eierlegende Königin hat.

Wenn Sie keine Brutzellen sehen können, sollten Sie zunächst noch ein paar Wochen warten und dann erneut schauen. Vielleicht hat die Königin noch nicht so viele Zellen mit Eiern belegt – man nennt dies »bestiftet« –, sodass Sie das von unten sehen können. Wenn keine Brut zu finden ist, dann kann das Bienenvolk weisellos sein – also die Königin verloren haben. In diesem Falle müsste es aufgelöst oder neu beweiselt werden (siehe Seite 139, Weisellosigkeit). Der größte Teil der noch vorhandenen Vorräte befindet sich oberhalb der Brutzellen und kann nicht gesehen werden. Vielleicht sehen Sie aber im hinteren Bereich noch Waben, die bis unten mit Honig gefüllt sind. Falls das der Fall ist, können Sie ziemlich sicher sein, dass die Vorräte reichen werden – auch ohne die Bienenkiste zu wiegen.

Den Honigraum freigeben

Der Honigraum bleibt im ersten Jahr, in dem Sie den Bienenschwarm in die Bienenkiste einlogiert haben, leer. Das Trennschied verhindert, dass das Bienenvolk dort Waben baut. Zunächst soll es den vorderen Brutbereich möglichst vollständig mit Naturwaben ausbauen. Normalerweise lohnt es sich erst im Folgejahr, den Honigraum zugänglich zu machen. In Ausnahmefällen unter günstigen Bedingungen (früher kräftiger Schwarm, gute Tracht) kann es aber auch sinnvoll sein, ihn bereits im ersten Jahr zu nutzen. Den richtigen Zeitpunkt erkennen Sie daran, dass die Bienen anfangen, unter dem Trennschied in den hinteren Raum hineinzubauen.

Zwischen der Kirsch- und Apfelblüte in der zweiten Aprilhälfte erwacht im Bienenvolk der Bautrieb. Sofern noch Platz im vorderen Bereich der Bienenkiste ist, bauen die Bienen weiterhin Waben im Brutbereich, und eine frühzeitige Freigabe des Honigraums ist nicht sinnvoll. Spätestens aber, wenn die Bienen anfangen unter dem Spalt des Trennschieds hindurch Waben im hinteren Raum zu bauen, sollten Sie das Trennschied herausnehmen und die Honigraum-Trägerleisten einsetzen.

Die Dynamik eines Bienenvolkes im Frühjahr ist in der Regel sehr hoch, und innerhalb kürzester Zeit quillt der Kasten förmlich über vor Bienen. Normalerweise ist es spätestens zu Beginn der

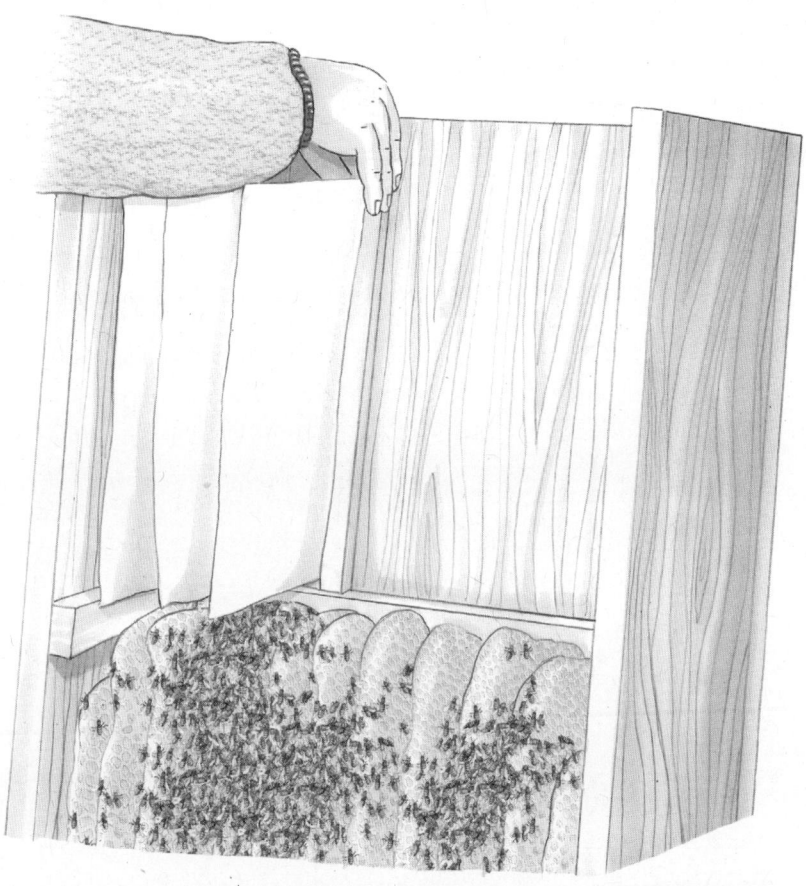

Wenn die Bienen beginnen, unter dem Trennschied hindurch zu bauen, ist es Zeit, den Honigraum freizugeben. Die Honigraum-Trägerleisten werden dazu einzeln unter den Spalt der mittleren Querleiste geschoben. Zwischen den Naturwaben und den Mittelwänden sollte möglichst ein gerader Übergang sein.

Apfelblüte, selbst bei einem Bienenvolk, das den vorderen Raum noch nicht vollständig ausgebaut hat, höchste Zeit, den Honigraum freizugeben. Warten Sie dann nicht mehr darauf, dass der vordere Raum vollständig ausgebaut ist. Die Bienen werden über die gesamte Saison auch vorne weiterbauen.

Sie benötigen jetzt die Honigraum-Trägerleisten, die – ähnlich wie die Trägerleisten für den Brutraum – jeweils aus zwei Holzleisten und einer Mittelwand-Wachsplatte zusammengenagelt werden (Bauanleitung siehe Seite 62).

Zum Einsetzen der Trägerleisten öffnen Sie die Bienenkiste und entnehmen das Trennschied. Normalerweise ist es zu diesem Zeitpunkt bereits an- bzw. eingebaut und mit Propolis verkittet. Treiben Sie die Bienen mit etwas Rauch aus dem Smoker zurück. Es ist kein Problem, dass beim Herausnehmen die angebauten Waben am Trennschied durchbrechen. Zum Lösen der Propolisverkittung kann es außerdem hilfreich sein, mit dem Stockmeißel zwischen Kistenwand und Trennschied hineinzufahren und sie dadurch aufzubrechen.

Nun können Sie die Honigraum-Trägerleisten einsetzen. Schieben Sie die einzelnen Leisten unter den Spalt der mittleren Querleiste. Positionieren Sie die Leisten so, dass es möglichst einen geraden Übergang zwischen dem Naturwabenbau und den Mittelwänden gibt. Es ist kein Problem, wenn die Mittelwände nicht ganz gerade sind. Durch die Schwerkraft, die Wärme im Stock und die Arbeit der Bienen werden sie sich später wieder gerade ziehen.

Setzen Sie die hintere Querleiste ein. Es ist einfacher, wenn Sie dazu eine der hinteren Auflageleisten von außen los- und nach dem Einsetzen der Querleiste wieder festschrauben. Ansonsten benötigt man etwas Fingerspitzengefühl, alle zwölf Trägerleisten gleichzeitig unter den Spalt der Querleiste zu bekommen.

Die Bienen werden die Mittelwände im Laufe der kommenden zwei Monate zu richtigen Waben ausbauen und mit Honig füllen. Wenn Sie in dieser Zeit gelegentlich von hinten in die Bienenkiste hineinschauen, verhindern Sie dabei auch, dass die Honigwaben am Rückbrett angebaut werden. Kratzen Sie das Rückbrett jedes Mal von innen sauber. Wenn Sie das Rückbrett nie bewegen, bauen die Bienen die Honigwaben auch hinten an und können sie wegen dieser zusätzlichen Stütze schwerer machen. Das kann später bei der Ernte dazu führen, dass Waben aufgrund ihres hohen Gewichts abreißen.

Der natürliche Schwarmtrieb wird bei der Bienenkisten-Imkerei nicht verhindert, sondern verantwortungsvoll begleitet. Die Schwarmtraube muss eingefangen werden, daher ist es wichtig, mit Beginn der Obstblüte beim Bienenvolk nach Anzeichen des bevorstehenden Schwärmens zu suchen.

Schwarmzeit

Zur Zeit der Obstblüte erwacht auch der Fortpflanzungstrieb im Bienenvolk. Kräftige Völker nutzen den Überfluss an Nektar und Pollen, um sich zu teilen. Etwa die Hälfte der Bienen zieht mit der alten Königin und Vorräten für drei bis fünf Tage aus und hängt sich in der Nachbarschaft als sogenannte »Schwarmtraube« in einen Ast oder an einen anderen Vorsprung. Von dort aus suchen Kundschafterbienen eine neue Nisthöhle. Sobald sie fündig geworden sind, erheben sich alle Bienen spontan und fliegen zu ihrem neuen Heim. Die andere Hälfte des Bienenvolks bleibt in der Bienenkiste, in der eine neue Königin heranwächst. Der Schwarmtrieb erlischt normalerweise nach der Sommersonnenwende Ende Juni.

Im Interesse einer gelingenden Bienenhaltung und guter Nachbarschaft ist es wichtig, den natürlichen Schwarmprozess nicht einfach laufen zu lassen, sondern ihn verantwortungsvoll zu begleiten. Insbesondere sollten Sie Sorge dafür tragen, die Schwärme – mit denen Sie im Schnitt jedes zweite Jahr rechnen müssen – wieder einfangen zu können, bevor sie sich weiter auf den Weg zu einer neuen Nisthöhle machen (siehe Seite 99, Bienenschwarm einfangen).

Wild lebende Bienenvölker können unbetreut kaum überleben. Sie siedeln sich manchmal in Hohlwänden, Schornsteinen oder Rollladenkästen an und können so zu einem Problem für Hauseigentümer werden.

In der Regel werden Sie den Schwarm nicht selbst benötigen. Es gibt aber eine sehr große Nachfrage an Naturschwärmen. Jeder Bienenkisten-Anfänger braucht ja beispielsweise einen Schwarm, um überhaupt mit der Bienenhaltung beginnen zu können. Mithilfe der Internet-Schwarmbörse können Sie ganz einfach und unkompliziert den nächstliegenden Abnehmer für Ihre Bienenschwärme finden (Adresse siehe Seite 153).

Sollte es einmal vorkommen, dass ein Schwarm unentdeckt entwischt oder an einer Stelle hängt, wo man nicht an ihn herankommt, wird sich das Bienenvolk selbst einen neuen Nistplatz suchen. Da es kaum noch natürliche Nistplätze gibt und Schwärme in der Natur schutzlos der Varroamilbe ausgeliefert sind, werden sie langfristig nicht überleben können und wahrscheinlich schon im Herbst eingehen.

In Ihrer Bienenkiste verbleibt nach dem Abgang des Schwarmes die andere Hälfte der Bienen mit einer frischen jungen Königin. Sie werden den Verlust an Bienen schnell wieder aufholen und voraussichtlich auch noch eine Honigernte liefern können. Die mit dem Wechsel der Königin verbundene kurzzeitige Unterbrechung der Bruttätigkeit ist zudem eine natürliche Krankheitsvorsorge.

Überblick über das Schwarmgeschehen

Die Fortpflanzungsphase beginnt damit, dass im Bienenvolk Drohnen heranwachsen und halbkugelförmige Weiselnäpfchen, auch Spielnäpfchen genannt, an den Unterkanten der Waben gebaut werden. Beides bedeutet noch nicht, dass das Bienenvolk tatsächlich schwärmen wird. Aber es sind die ersten Schritte in diese Richtung, die in jedem gesunden Bienenvolk stattfinden. Ein Bienenvolk schwärmt nach der ersten Überwinterung alle ein bis zwei Jahre. Ob und wann es schwärmt, hängt von verschiedenen Faktoren wie Wetter, Volksgröße und Trachtangebot ab.

Wenn die Bienen schwärmen wollen, werden zahlreiche Weiselnäpfe mit Eiern belegt und zu zapfenförmigen Weiselzellen ausgebaut. Sobald die erste Weiselzelle verdeckelt ist, zieht die alte Königin mit einem Teil des Bienenvolkes aus. Dies ist der Vorschwarm. Wenn die erste neue Königin im verbleibenden Muttervolk schlüpft, tötet sie entweder ihre Konkurrentinnen oder sie zieht wiederum mit einem Teil der verbleibenden Bienen aus. Dies nennt man Nachschwarm. Wenn man nicht eingreift, kann es passieren, dass ein Bienenvolk nacheinander mehrere Schwärme abgibt und dadurch stark geschwächt wird.

Die überlebende Jungkönigin fliegt einige Tage nach ihrem Schlupf zum Hochzeitsflug aus. Sie wird draußen in der Luft an sogenannten Drohnensammelplätzen von mehreren Drohnen begattet. Nur wenn dieser Flug gelingt, kann das Bienenvolk weiterbestehen. Für das Muttervolk und auch für Nachschwärme ist das Schwarmgeschehen also mit einem gewissen Risiko verbunden, weil die Begattung der jungen Königin fehlschlagen könnte. Und auch für den Vorschwarm beginnt eine unsichere Zeit, da er ja zunächst eine neue Nisthöhle finden muss.

Neben dem regulären Schwarmtrieb gibt es noch weitere Fälle, bei denen Weiselzellen im Bienenvolk gepflegt werden:

▷ Wenn die alte Königin in ihrer Leistung nachlässt, werden mehrere Weiselzellen gepflegt. Wenn dann die erste neue Königin geschlüpft ist, warten die Bienen so lange, bis sie erfolgreich von ihrem Hochzeitsflug zurückgekehrt ist, und beseitigen anschließend die Altkönigin. Bei diesem Prozess, der sich »stilles Umweiseln« nennt, muss der Imker nicht eingreifen. Wenn nur wenige Weiselzellen im Volk gepflegt werden, deutet dies auf ein stilles Umweiseln hin.

▷ Wenn die Königin plötzlich stirbt (das kann auch versehentlich durch einen Eingriff des Imkers passieren, wobei dies bei der Bienenkiste sehr unwahrscheinlich ist), werden nachträglich Arbeiterinnenzellen zu Weiselzellen umgebaut und weitergepflegt. Auch in diesem Falle gibt es nur ein paar Weiselzellen. Außerdem sind diese Zellen nicht an den Wabenunterkanten gebaut, sondern sitzen auf der Wabenfläche in den Wabengassen. In der Bienenkiste sind solche sogenannten »Nachschaffungszellen« nicht so leicht zu erkennen. Es ist aber auch in diesem Falle kein Eingreifen des Imkers notwendig.

Schwarmkontrolle

Wenn ein Bienenvolk schwärmen will, werden zahlreiche Weiselnäpfchen mit Eiern belegt. Normalerweise schwärmt das Bienenvolk innerhalb weniger Tage, nachdem die erste Weiselzelle verdeckelt ist.

Sobald Sie also belegte Weiselzellen entdecken, wissen Sie, dass Ihr Bienenvolk schwärmen will, und Sie können am Zustand der ältesten Weiselzelle grob abschätzen, wann es ungefähr so weit sein wird.

Da es zwischen der Belegung der Weiselzellen und der Verdeckelung neun Tage dauert, sollten Sie also ab dem Beginn der Apfelblüte mindestens alle neun Tage das Bienenvolk nach belegten Weiselzellen absuchen. Üblicherweise macht man das im Wochenrhythmus – z. B. am Wochenende. Dazu wird die Bienenkiste geöffnet und die Unterkante der Waben bzw. unregelmäßig gebaute Stellen im Wabenwerk nach Weiselzellen abgesucht.

Die kleinen halbkugelförmigen Weiselnäpfe sind in der Schwarmzeit immer vorhanden. Erst wenn darin Eier zu sehen sind oder gar

Eier oder im weißen Futtersaft schwimmende Larven in den Weiselzellen zeigen den Schwarmtrieb des Bienenvolks. Neun Tage nach der Eiablage werden die Weiselnäpfchen verdeckelt. Normalerweise dauert es dann nicht mehr lange, bis die Bienen schwärmen.

So finden Sie die Weiselzellen

Im Schwarmtrieb werden die Weiselzellen an Wabenkanten gebaut und zeigen – anders als die Arbeiterinnen- und Drohnenzellen – nach unten. Deutlich gewölbte große Zellen an Wabenrändern, die zur Seite zeigen, sind keine Weisel-, sondern Drohnenzellen.

Da an der Unterkante der Waben nicht viel Platz bis zum Boden ist, werden Weiselzellen bevorzugt an den Wabenrändern vorne und bei Störungen des gleichmäßigen Wabenbaus weiter innen gebaut. Beliebt sind auch Stellen, an denen früher schon mal ein Stück Wabe herausgebrochen war und dadurch eine Lücke entstanden ist. Auch Übergänge zwischen Brut- und Honigraum-Waben sind Bereiche, in denen Weiselzellen förmlich »versteckt« werden können. Sie sollten besonders an diesen Stellen gründlich den Smoker und gegebenenfalls eine Taschenlampe einsetzen, um keine Zellen zu übersehen.

schon Larven im weißen Futtersaft schwimmen, befindet sich das Bienenvolk im Schwarmtrieb. Um besser sehen zu können, treiben Sie die Bienen mit dem Smoker in die Wabengassen zurück. Verwenden Sie gegebenenfalls eine Taschenlampe, um tiefer in die Wabengassen hineinschauen zu können.

Wenn Sie mit Eiern oder Larven gefüllte Weiselzellen sehen, können Sie an der ältesten (also am weitesten fortgeschrittenen) Zelle den frühesten Zeitpunkt des Schwarmabganges abschätzen. Die Entwicklung einer Weiselzelle beginnt damit, dass ein Ei in den kugelförmigen Weiselnapf hineingelegt wird. Das ist gut erkennbar, weil die Weiselnäpfchen ja an den Wabenunterkanten gebaut werden. Am vierten Tag schlüpft eine winzige, kaum sichtbare Larve, die in dem weißen Futtersaft schwimmt. Je größer die Larve wird, desto weiter wird der kugelförmige Weiselnapf zu einer länglichen Zelle ausgezogen. An der Größe der Weiselzelle und der darin befindlichen Larve können Sie also abschätzen, wie lange es noch dauert, bis die Larve ausgewachsen ist und die Zelle verdeckelt wird. Das bedarf natürlich etwas Erfahrung und man darf keine Zelle übersehen, um sich ganz sicher über den frühesten Zeitpunkt sein zu können. Wenn Sie bei der ersten Durchsicht schon eine verdeckelte Zelle entdecken, kann der Schwarm bereits unbemerkt herausgeflogen sein bzw. kann ab sofort täglich schwärmen.

Setzen Sie die Kontrollen so lange fort, bis das Volk entweder im Schwarmtrieb ist oder die Schwarmzeit vorüber ist. Nach der Sommersonnenwende (Ende Juni) erlischt der Schwarmtrieb normalerweise.

Vorschwarm

Wenn Sie belegte Weiselzellen entdeckt haben, versuchen Sie anhand des Aussehens die älteste Weiselzelle zu identifizieren und deren Alter abzuschätzen. Es ist zwar nicht möglich, den genauen Zeitpunkt des Schwarmabgangs vorherzusagen, Sie können aber davon ausgehen, dass die Bienen erst nach der Verdeckelung der ersten Weiselzelle (also frühestens neun Tage nach der Eiablage) schwärmen werden. Oft geschieht dies zwischen dem zweiten und vierten Tag nach der Verdeckelung der ersten Weiselzelle. Der Vorschwarm wartet normalerweise gutes Wetter ab, um den Stock zu verlassen. Außerdem findet das Schwarmereignis in der Regel vor dem Schlupf der ersten Jungkönigin statt. Da eine Königin 16 Tage vom Ei bis zum Schlupf braucht, verbleibt ein Zeitfenster von etwa einer Woche nach der Verdeckelung der ältesten Weiselzelle.

Der Schwarmauszug geschieht zumeist zwischen dem späten Vormittag und frühen Nachmittag. Sie können davon ausgehen, dass es sich nicht vor 10 Uhr und nicht nach 16 Uhr ereignet. In dieser Zeit sind berufstätige Menschen aber oft nicht zuhause. Sie sollten deshalb Ihren Nachbarn Bescheid geben und Ihre Handynummer hinterlegen. Es kann auch sinnvoll sein, Infozettel mit Telefonnummer in der Nähe Ihres Grundstücks aufzuhängen. Der Bienenschwarm fliegt normalerweise nicht sehr weit (zehn bis zwanzig Meter), bevor er sich niederlässt. Es ist also nur die unmittelbare Nachbarschaft betroffen.

Wenn sich jemand bei Ihnen meldet, lassen Sie sich möglichst genau den Schwarmfundort beschreiben und suchen Sie ihn dort nach Feierabend. Ein Vorschwarm bleibt oft über Nacht dort hängen und fliegt dann am nächsten Morgen weiter. Verlassen Sie sich dennoch nicht zu sehr darauf, sondern kommen Sie so bald wie möglich, um den Schwarm einzufangen.

Sollten Sie die Möglichkeit haben, ist es eine schöne Idee, an den Tagen, an denen Sie mit einem Schwarm rechnen (verdeckelte Weiselzellen, schönes Wetter), Ihre Mittagspause bei den Bienen zu verbringen oder früher Feierabend zu machen. Es ist ein unvergessliches Erlebnis, das Schwarmgeschehen direkt beobachten zu können!

Sie werden feststellen, dass die Bienenschwärme sich bevorzugt an dieselben Stellen hängen. Nach ein paar Jahren wissen Sie schon, wo Sie suchen müssen.

Nachschwärme vermeiden

Da die Bienen mehrere Weiselzellen anlegen und ein kräftiges Volk noch Potential für weitere Schwärme hat, ist es nicht unwahrscheinlich, dass nach dem Schlupf der ersten jungen Königin noch Nachschwärme ausziehen. Wenn man seinen Völkerbestand stark vermehren will oder viele Leute kennt, die dringend einen Schwarm benötigen, kann das durchaus erwünscht sein. In der Regel will man dies aber unterbinden, zumal das Muttervolk dadurch geschwächt wird und die Schwärme ja auch alle eingefangen werden müssen.

Dazu müssen Sie **nach Abgang des Vorschwarms** alle Weiselzellen **bis auf eine** herausbrechen oder zerstören. Sie sollten nach Möglichkeit keine Zelle übersehen. Es empfiehlt sich, eine jüngere, noch nicht verdeckelte Weiselzelle, die eine Larve enthält, stehen zu lassen, weil die Bienen diese einzige Zelle dann besonders gut pflegen werden. Damit nehmen Sie etwas vorweg, das auch in der Natur geschieht. Wenn das Bienenvolk beschlossen hat, kein weiteres Mal zu schwärmen, tötet die erste geschlüpfte Königin ihre Rivalinnen, indem sie deren Zellen seitlich öffnet und hineinsticht.

Wenn Sie eine verdeckelte Weiselzelle stehen lassen wollen, schauen Sie sich diese genau an. Sie müssen auf jeden Fall sicher sein, dass sie nicht bereits seitlich aufgebissen worden ist. Sie dürfen auf keinen Fall alle Weiselzellen zerstören! Dann hätte das Bienenvolk keine Option mehr auf eine neue Königin und wäre ohne die Zuführung einer Ersatzkönigin durch den Imker dem Untergang geweiht. Wenn Sie unsicher sind, sollten Sie lieber zwei Zellen stehen lassen und die damit verbundene Gefahr, dass es vielleicht doch noch einen Nachschwarm geben kann, in Kauf nehmen.

Es kann vorkommen, dass Sie bei der Durchsicht Weiselzellen übersehen haben oder nicht regelmäßig genug kontrolliert haben, und plötzlich bereits verdeckelte Weiselzellen sehen und nicht wissen, ob bereits ein Schwarm das Bienenvolk verlassen hat.

Wenn Sie zwar belegte und verdeckelte Weiselzellen finden, aber noch keine einzige geschlüpfte, dann sollten Sie wie oben beschrieben eine Weiselzelle stehen lassen und die restlichen ausbrechen.

Wenn ausschließlich verdeckelte und auch bereits geschlüpfte Weiselzellen zu sehen sind, ist es besser, gar nicht mehr einzugreifen und der Natur ihren Lauf zu lassen.

Wenn Sie bereits seitlich aufgebissene Weiselzellen entdecken, ist der Schwarmprozess zu Ende. Es kann sein, dass die Bienen gar nicht geschwärmt sind und der Schwarmprozess vorzeitig abgebrochen worden ist. Wahrscheinlicher ist es aber, dass es mindestens einen Vorschwarm gegeben hat. Eingriffe Ihrerseits sind nicht mehr notwendig. Die Bienen haben alles selbst geregelt.

Eine weitere einfache Methode, Nachschwärme zu unterbinden, besteht darin, den Vorschwarm in einer neuen Bienenkiste an dem Platz aufzustellen, wo bislang das Muttervolk stand. Das Muttervolk wird an einen anderen Platz gestellt. Das kann unmittelbar neben dem alten Platz sein. Dadurch verliert es nach und nach alle Flugbienen an das neue Volk. Die Bienen hatten sich ja den Standort der Bienenkiste eingeprägt und merken nicht, dass die Kiste versetzt worden ist. Wenn sie nach ihren Sammelflügen heimkehren, fliegen sie an den alten Ort zurück, an dem jetzt aber die neue Bienenkiste steht. So wird das neue Volk verstärkt und wird sich noch schneller und besser entwickeln, und das Muttervolk wird nicht mehr schwärmen, weil es nach und nach alle Flugbienen verloren hat. Das macht natürlich nur dann Sinn, wenn Sie den Schwarm behalten und eine zusätzliche Bienenkiste in Betrieb nehmen wollen.

Bienenschwarm einfangen

Das Einfangen eines Bienenschwarmes ist relativ einfach und ungefährlich, sofern er nicht in zu großer Höhe hängt.

Ein Bienenschwarm ist sehr friedlich und greift keine Menschen an. Bienen stechen aus freien Stücken nur zur Verteidigung ihrer »Immobilie«. Ein Bienenschwarm hat aber vorübergehend keinen Bienenstock mehr und damit auch keine Vorräte und Brut, die verteidigt werden müssten. Eigentlich bräuchte man zum Einfangen eines Bienenschwarmes daher nicht mal Schutzkleidung. Oft

Lieber auf Nummer sicher gehen

Bitte denken Sie immer daran: Die eigene Sicherheit und Gesundheit gehen vor! Wenn der Schwarm in einer Höhe oder an einer Stelle hängt, die Sie nicht sicher erreichen können, dann lassen Sie ihn hängen. Wenn der Schwarm im öffentlichen Raum hängt, können Sie auch bei der Feuerwehr anfragen, ob sie zur Unterstützung mit der Drehleiter oder einem Steiger anrückt. Klären Sie aber vorher, ob sie das kostenlos macht! Ein Hinweis auf die »Gefährdung der Öffentlichkeit« oder »Tierrettung« kann hilfreich sein.

sitzt der Schwarm aber so, dass man beim Einfangen unterhalb der Schwarmtraube stehen muss – möglicherweise auf einer Leiter. Aus Gründen der Arbeitssicherheit sollten Sie daher Schutzkleidung tragen (lange Ärmel, Schleier, Handschuhe). Denn beim Abschütteln des Schwarmes können Bienen danebenfallen, sich in den Haaren verfangen, in den Kragen hineinpurzeln usw. In solchen Situationen stechen auch die friedlichsten Bienen.

Sie benötigen außer der Schutzbekleidung einen Wasserzerstäuber, einen Bienenbesen, eine Schwarmkiste (oder einen Pappkarton, Eimer oder ein anderes Gefäß) und – je nach Lage – eine Leiter.

Wer regelmäßig Schwärme einfangen muss, sollte sich eine stabile Schwarmkiste zulegen. Zum Einfangen reicht ein großer Eimer oder Karton. Zum Weitergeben des Schwarms und für die Kellerhaft braucht es aber eine Schwarmkiste: ein bienendichter Behälter mit ausreichend Luftzufuhr. Gute Schwarmkisten haben außerdem ein verschließbares Flugloch und eine Möglichkeit den Schwarm zu füttern. Tipps zum Bau einer Schwarmkiste finden Sie auf Seite 70.

Sprühen Sie zum Einfangen die Schwarmtraube von allen Seiten mit einem Zerstäuber mit Wasser ein. Das bewirkt, dass sich die Bienen enger zusammenziehen und nicht so schnell auffliegen. Halten Sie ein Gefäß unter die Schwarmtraube und schütteln Sie kräftig am Ast, sodass die Bienen in das Gefäß fallen. Sprühen Sie gegebenenfalls noch einmal auf die Bienen im Gefäß und fegen Sie eventuell mit dem Bienenbesen die restlichen, noch am Ast sitzenden Bienen hinterher. Es ist nicht wichtig (und möglich), dass alle Bienen im Gefäß landen – Hauptsache, der größere Teil der Bienen (und mit ihnen die Königin) ist drin.

Falls Sie die Bienen nicht von vornherein in die Schwarmkiste geschüttelt haben, schütten Sie sie nun dort hinein und verschließen Sie diese sofort.

Es gibt mehrere Möglichkeiten, wie Sie mit den Bienen verfahren können, die Sie nicht mit einfangen konnten:

▷ Ignorieren: Normalerweise kehren die Bienen nach einiger Zeit wieder in das Volk zurück, von dem sie ausgeschwärmt sind.

▷ Wiederholen: Etwas abwarten, dann noch mal die neu gesammelte kleine Schwarmtraube in ein Gefäß abschütteln oder fegen, die Schwarmkiste einmal kräftig aufstoßen, sodass alle Bienen auf den Boden fallen, schnell den Deckel aufmachen und die neue Portion Bienen hineinschütten. Die Schwarmkiste sofort wieder verschließen. Das kann man gegebenenfalls noch ein- bis zweimal wiederholen. Wenn die Schwarmkiste ein Flugloch hat, können Sie dieses auch einfach öffnen und die weiteren Bienenportionen vor das Flugloch schütten, damit sie selbst einlaufen können.

▷ Bienen lotsen lassen: Wenn Sie die Schwarmkiste mit geöffnetem Flugloch nahe der Schwarmfundstelle stehen lassen, fangen die Bienen sofort an, Pheromonsignale zu geben – das nennt man »Sterzeln« –, um ihren Schwestern den Weg zu weisen. Nach einiger Zeit haben sich die meisten Bienen dort gesammelt und sich in die Kiste zurückgezogen. Nun können Sie das Flugloch verschließen. Wenn Sie möglichst keine Bienen zurücklassen wollen, sollten Sie die Schwarmkiste erst nach Sonnenuntergang verschließen und abtransportieren.

Es wäre möglich, den Schwarm sofort in eine neue Bienenkiste einzulogieren. Das kann und muss man machen, wenn man keine geeignete Schwarmkiste hat. Es besteht dabei aber die Gefahr, dass der Bienenschwarm erneut auszieht und sich wieder an dieselbe Stelle in den Baum hängt. Es ist besser, den Schwarm zunächst eine Nacht in Kellerhaft zu nehmen – und dort bis zum folgenden Abend stehen zu lassen (notfalls können Sie den Schwarm auch noch einen Tag länger stehen lassen, ab dem dritten Tag müssten Sie ihn füttern). Achten Sie darauf, dass die Schwarmkiste gut belüftet ist. Wenn Sie die Bienen dann abends in die neue Bienenkiste einlogieren, ist es sehr wahrscheinlich, dass sie die Wohnung auch annehmen werden.

Wenn Sie den Schwarm nicht selbst benötigen, finden Sie über die Internet-Schwarmbörse oder den örtlichen Imkerverein problemlos einen dankbaren Abnehmer in Ihrer Nähe. Wenn Sie den Schwarm von vornherein in einen Behälter füllen, den Sie dem Abnehmer mitgeben können, ist dies für alle Beteiligten das Einfachste, und Sie ersparen den Bienen den Stress, noch einmal umgefüllt zu werden.

Honigernte

Die Bienenkiste ist dafür ausgelegt, einmal im Jahr Honig zu ernten. Sie ernten einen Honig, der die Vegetation und das Klima der vorangegangenen Monate widerspiegelt und daher – genau wie ein guter Wein – jedes Jahr etwas anders schmeckt. Je nach Vegetationsbedingungen können Sie im Laufe des Julis die Ernte vornehmen. Sie sollten so lange warten, bis in den Honigwaben keine Brut mehr vorhanden ist. Im Mai und Juni dehnen die Bienen ihr Brutnest weit aus und benutzen teilweise auch Wabenzellen im hinteren Bereich. Erst nach der Sommersonnenwende – oder nachdem das Volk geschwärmt ist – geht das Brutnest wieder zurück.

Sie sollten auch warten, bis das Honiglager gut gefüllt ist. Die Ernte sollte aber bis spätestens Anfang August erfolgt sein, damit noch genügend Zeit für die Varroabehandlung mit Ameisensäure und eine möglicherweise nötige Winterfütterung bleibt.

Für die Ernte benötigen Sie eine ausreichend große Plastikkiste (mindestens 52 × 43 × 25 cm) mit Deckel, in der Sie die Honigwaben sammeln können, außerdem einen Eimer Wasser mit Lappen, um Honigkleckse wegwischen zu können (siehe Seite 45), und eine Unterlage (alte Zeitung oder Folie), um honigverschmierte Leisten und Werkzeug ablegen zu können. Es empfiehlt sich, bei der Ernte Schutzkleidung und auch Handschuhe zu tragen. Die Ernte ist viel einfacher, wenn man zu zweit arbeitet: Einer entnimmt eine Wabe, fegt die Bienen grob ab und gibt sie dann weiter. Die zweite Person fegt noch einmal gründlicher die restlichen Bienen von der Wabe und verstaut diese dann in der Plastikkiste.

Die Honigwaben sind im Laufe des Sommers von den Bienen mit den Brutraumwaben zusammengebaut worden. Um sie entnehmen zu können, müssen Sie alle Waben an der Übergangsstelle durchschneiden. Dazu eignet sich der Stockmeißel sehr gut. Sie können aber auch ein langes Messer nehmen.

Öffnen Sie die Bienenkiste am Vorabend der eigentlichen Ernte, indem Sie sie aufrecht stellen und den Boden abnehmen. Wenn Sie etwas Rauch an die Schnittstelle geben, verhindern Sie, dass Bienen beim Schneiden gequetscht werden oder im auslaufenden Honig festkleben. Die Bienen flicken die Schnittstellen über Nacht und beseitigen den ausgelaufenen Honig. Sie bauen die Waben zwar vielleicht wieder aneinander fest, lagern aber in diesem Bereich keinen neuen Honig mehr ein. Es entsteht eine Art »Sollbruchstelle«, an der die Waben bei der Ernte leicht abreißen, aber kaum Honig herauslaufen wird. Verschließen Sie die Bienenkiste dann wieder.

Ernten Sie am folgenden Tag am besten sehr früh morgens. Dann fliegen die Bienen noch nicht so stark und die Gefahr für Räuberei ist geringer (siehe Seite 45). Außerdem ist es die kühlste Tageszeit. Für die Stabilität der Honigwaben ist es besser, wenn es nicht zu warm ist.

Stellen Sie die Bienenkiste erneut auf und nehmen Sie den Boden und das Rückbrett ab. Entnehmen Sie zunächst die hintere Querleiste, die die Honigwaben fixiert. Da die Bienen alles mit Wachs und Propolis festgebaut haben, ist es nicht so einfach möglich, die Leiste herauszuziehen. Schrauben Sie deshalb eine der beiden Auflageleisten los. Gehen Sie mit dem Stockmeißel zwischen Querleiste und Dach und lösen Sie die Verkittungen. Ziehen Sie dann mithilfe der gebogenen Seite des Stockmeißels die Querleiste heraus. Wenn ein paar Wabenstückchen hängen bleiben, ist das kein Problem. Legen Sie die Leiste so zur Seite, dass anhaftender Honig nicht in der Umgebung verkleckert wird (Räuberei!). Später können Sie den Bienen die Leiste zum Ausschlecken zurückgeben.

Nun entnehmen Sie eine Wabe nach der anderen. Geben Sie vorher etwas Rauch, damit die Bienen sich von den Honigwaben zurückziehen. Aber nicht zu viel! Sonst schmeckt der Honig später nach Rauch.

Es ist wahrscheinlich einfacher, mit einer Wabe in der Mitte zu beginnen. Gehen Sie mit dem Stockmeißel rechts und links in den Spalt zwischen den einzelnen Trägerleisten, um die Verkittung zu lösen, und ziehen Sie dann die Wabe vorsichtig heraus. Halten Sie die Waben niemals horizontal, sondern immer vertikal an der Trä-

Die Honigwaben können an den Trägerleisten entnommen werden. Sie werden immer vertikal, niemals horizontal gehalten. Bis zur Weiterverarbeitung werden sie in einer bienendichten Plastikkiste aufbewahrt.

Abfegen mit Umsicht

Auch wenn dies nicht sehr wahrscheinlich ist, könnte theoretisch die Königin auf einer Honigwabe sitzen. Deshalb sollten Sie beim Abfegen immer
erst mal kurz schauen, ob nicht zufällig die Königin zu sehen ist. Und Sie
sollten niemals die Bienen einfach achtlos ins Gras fegen. Entweder fegen
Sie die Waben über der offenen Bienenkiste so ab, dass die Bienen gleich
wieder zwischen die Wabengassen purzeln, oder Sie fegen die Bienen in
eine Schüssel oder einen Eimer und schütten sie am Ende der Honigernte
zurück ins Volk. Wenn Sie die Königin auf einer Wabe sitzen sehen, versuchen Sie diese möglichst sanft in das Bienenvolk zurückzuleiten.

gerleiste, und hantieren Sie vorsichtig mit ihnen. Die Waben könnten sonst unter ihrem eigenen Gewicht abbrechen. Sie werden mit
dem Bienenbesen sorgfältig abgefegt und bienendicht in der Plastikkiste verstaut. Da Sie es bei der Ernte nicht schaffen werden, die
Waben garantiert 100 Prozent bienenfrei zu bekommen, müssen Sie
diese erst mal möglichst unbeschädigt zwischenlagern. Die meisten
der verbleibenden Bienen sammeln sich unter dem Deckel der Plastikkiste und können später in Freiheit entlassen werden.

Schrauben Sie nach der Ernte die Auflageleiste wieder ein und
legen Sie die Querleiste einfach erst mal in den hinteren Raum auf
den Boden. Nach der Honiggewinnung können Sie auch noch die
Trägerleisten dazulegen. Die Bienen werden alle Honigreste über
Nacht beseitigen, und Sie können die geputzten Holzleisten am
nächsten Tag wieder entnehmen.

Die hintere Querleiste wird mit dem Stockmeißel von Wachs-
resten befreit und dann wieder hinten in die Bienenkiste eingesetzt.
Sie dient ja auch als Anschlag für die Rückwand. Damit die Leiste
wegen des leeren Honigraumes nicht herausfallen kann, sollten Sie
sie mit einer Schraube sichern. Das Trennschied wird noch nicht
wieder eingesetzt, weil zunächst noch die Sommerbehandlung mit
Ameisensäure gegen die Varroamilbe erfolgt.

Sommerbehandlung gegen die Varroamilbe

In jedem Bienenvolk lebt die Varroamilbe als Parasit. Genau wie die Bienen vermehren sich auch die Varroamilben im Laufe des Frühjahrs. Das Verhältnis Bienen zu Milben verändert sich zunächst nicht wesentlich. Ab der Sommersonnenwende, wenn die Tage wieder kürzer werden, reduzieren die Bienen ihre Volksgröße im Blick auf den Winter kontinuierlich. Die Varroapopulation steigt aber weiter exponentiell. Deshalb ist der Spätsommer eine kritische Phase für das Bienenvolk. Die im Verhältnis zur Bienenpopulation rapide steigende Milbenbelastung kann das Bienenvolk so weit schwächen, dass es innerhalb weniger Wochen eingeht (siehe dazu auch Abbildung Seite 130).

Nach der Honigernte – und je nach Befallsgrad noch einmal im August und September – stellen Sie die Milbenbelastung des Bienenvolkes mit der Puderzuckermethode fest (siehe Seite 131) und führen nötigenfalls eine Ameisensäurebehandlung durch. Eine Behandlung direkt nach der Honigernte ist auf jeden Fall zu empfehlen und kann auch ohne vorherige Untersuchung durchgeführt werden (mehr über die Ameisensäurebehandlung auf Seite 134).

Auffütterung und Wintervorbereitung

Im vorderen Raum der Bienenkiste, der nicht beerntet wird, befinden sich die Honigvorräte für den Winter. Ob dort aber tatsächlich genug Honig eingelagert worden ist, hängt auch von den Trachtbedingungen, dem Erntezeitpunkt und dem Witterungsverlauf ab. Sie können sich leicht Gewissheit über die Vorratslage verschaffen, wenn Sie die Bienenkiste Anfang August wiegen.

Stellen Sie eine Personenwaage – gegebenenfalls auf einem waagerecht ausgerichteten Holzbrett – vor die Bienenkiste. Kippen Sie die Kiste wie gewohnt aufrecht, sodass der Dachüberstand mittig auf der Personenwaage steht. Halten Sie die Kiste im Gleichgewicht und lesen Sie das Gewicht ab. Ziehen Sie davon das Leergewicht der Bienenkiste (zwischen 20 und 25 Kilogramm) und das geschätzte

Faustregel und Rechenbeispiel

Die Waben eines ausgebauten Brutraums, einschließlich eines kräftigen Bienenvolks, wiegen bis zu 9 Kilogramm. Bei einem schwachen Jungvolk mit einem halb ausgebauten Brutraum können Sie von 6 Kilogramm ausgehen. Angenommen die Bienenkiste wiegt einschließlich Holzleisten und Trennschied leer 23 Kilogramm und das Volk hat den gesamten Raum ausgebaut:

23 kg + 9 kg = 32 kg (Bienenkiste mit Bienen ohne Vorräte)

Das Wiegen im August hat beispielsweise ein Gewicht von 43 kg ergeben.

43 kg − 32 kg = 11 kg Honigvorrat

Für jedes Kilogramm fehlender Honigvorräte benötigen Sie 1 Kilogramm Zucker. Es fehlen noch mindestens 4 Kilogramm Zucker, die Sie mit knapp 3 Liter Wasser als Zuckerlösung anrühren und füttern müssen, wenn dem Bienenvolk 15 Kilogramm Wintervorrat zur Verfügung stehen soll.

Gewicht der Bienen und Waben ab, um die eingelagerte Honigmenge zu bestimmen.

Ein kräftiges Bienenvolk braucht ab September mindestens 15 Kilogramm Vorräte, um über den Winter zu kommen. Falls weniger vorhanden ist, müssen Sie füttern. (Siehe Rechenbeispiel auf dieser Seite.)

Zum Füttern stellen Sie eine Lösung aus drei Gewichtsteilen Zucker und zwei Gewichtsteilen Wasser her (3 kg Zucker auf 2 l Wasser). Als Winterfutter ist nur weißer Zucker geeignet. Wenn die Zuckerlösung zu viele Ballaststoffe enthält, könnten die Bienen im Winter an Durchfall erkranken. Sie können normalen Haushaltszucker verwenden. Das Futter wird für die Bienen wertvoller und besser verträglich, wenn mindestens 10 Prozent Honig, etwas Kamillentee und eine Prise Salz hinzugefügt werden. Sie dürfen aber nur Honig verfüttern, der garantiert keine Faulbrutsporen enthält (siehe Seite 44)!

Im Beispiel auf dieser Seite brauchen Sie insgesamt 4 Kilogramm Zucker, den Sie mit knapp 3 Liter Wasser anrühren. Der Zucker löst sich leichter, wenn das Wasser lauwarm ist. Dazu können Sie dann

Richtig füttern

Die Wände von neuen Plastikgefäßen können so glatt sein, dass die Bienen sich nicht halten und nicht mehr aus dem Gefäß herauskommen können und ertrinken. Rauen Sie die Innenwände gegebenenfalls mit Schmirgelpapier an. Plastikgefäße haben häufig einen Wulstrand, der für Bienen eine unüberwindliche Hürde darstellen kann, wenn sie von außen am Gefäß hochklettern müssen. Stellen Sie das Gefäß deshalb in eine Ecke des Honigraums, sodass es das Trennschied und eine Seitenwand berührt. Das erleichtert den Bienen den Einstieg. Wenn Sie etwas Zuckerwasser auf den Bienenkistenboden neben das Gefäß kleckern, finden die Bienen die neue Futterquelle schneller.

noch insgesamt ein Glas Honig, ein Tässchen Kamillentee und eine Messerspitze Salz geben.

Stellen Sie das Futter in einem großen offenen Gefäß (Frischhaltedose oder Ähnliches) in den hinteren Raum der Bienenkiste. Damit darin keine Bienen ertrinken, sollten Sie die Oberfläche mit halbierten oder in Scheiben geschnittenen Weinkorken bedecken.

Die fehlenden Vorräte sollten nach der Honigernte und der ersten Ameisensäurebehandlung möglichst schnell aufgefüttert werden. Es ist kein Problem, 5 Liter in einer Portion zu füttern. Wenn das Gefäß leer ist, stellen Sie sofort die nächste Portion hinein.

Sie sollten das Flugloch mit Schaumstoffstreifen oder passenden Holzleisten auf 5 bis 10 cm einengen und die Zuckerlösung spätabends verabreichen, um Räuberei zu verhindern. Die Auffütterung sollte spätestens Mitte September erledigt sein. Kontrollieren Sie deshalb Anfang September noch einmal das Gewicht der Kiste, um ganz sicher zu sein, dass genug Vorräte vorhanden sind. Bei Bedarf können Sie noch einmal nachfüttern.

Auch wenn eine Fütterung gar nicht nötig ist, sollten Sie im Spätsommer das Flugloch mit Schaumstoffstreifen einengen, damit die Bienen sich leichter gegen Wespen und räubernde Bienen verteidigen können.

Mäuseschutz

Im Laufe des Oktobers, wenn die Temperaturen auch tagsüber deutlich kühler werden, öffnen Sie das Flugloch wieder auf die ganze Breite und bringen stattdessen einen Mäuseschutz an. Er soll verhindern, dass im Winter Mäuse in die Bienenkiste eindringen können und Bienen oder Honig fressen. Befestigen Sie dazu ein Drahtgitter (Maschenweite 6 bis 7 mm) mit ein paar Heftzwecken vor dem Flugloch oder drücken Sie es u-förmig gebogen in den Fluglochspalt. Biegen Sie dazu einen etwa 8 cm breiten Gitterstreifen über einem 2 cm dicken Holzbrett oder einer Tischkante. Alternativ können Sie auch eine Holzleiste vor das Flugloch schrauben, sodass die Durchgangshöhe über die gesamte Breite nur noch 5 bis 6 mm beträgt.

Der Mäuseschutz wird erst zwischen März und April entfernt, sobald die Bienen tagsüber wieder regelmäßig ausfliegen können.

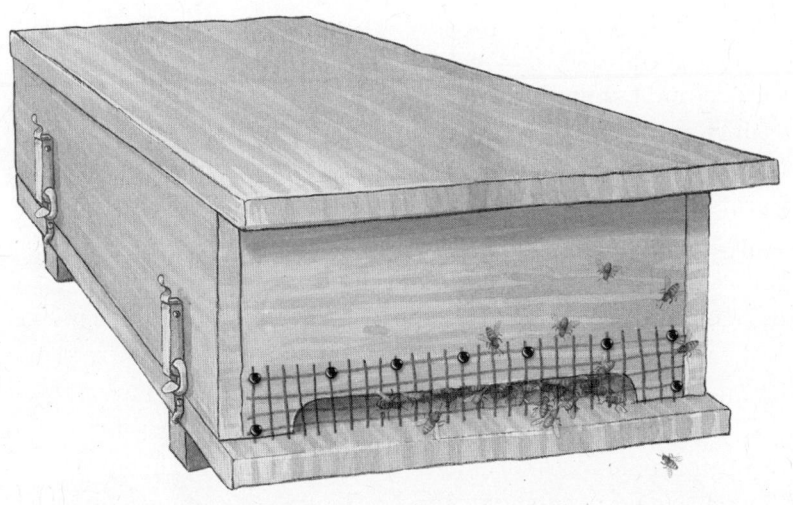

Ein Drahtgitter, das mit Heftzwecken befestigt oder u-förmig gebogen in den Fluglochspalt gedrückt wird, verhindert das Einnisten von Mäusen im Winter.

Restentmilbung mit Oxalsäure

Eine der wichtigsten Maßnahmen für die Gesundheit Ihres Bienenvolks ist die Restentmilbung mit Oxalsäure, die aber nur im brutfreien Zustand möglich ist. Normalerweise sind die Bienenvölker drei Wochen nach einer richtigen Kälteperiode mit Nachtfrösten brutfrei. Damit können Sie frühestens Anfang November rechnen. Die Behandlung muss aber spätestens bis zur Jahreswende erfolgt sein, weil die Bienen bereits zur Wintersonnenwende wieder ein kleines Brutnest unterhalten können. (Mehr zur Behandlung auf Seite 136.)

Die Bienenkiste im Winter

Bienenvölker sollten im Winter möglichst wenig gestört werden. Nach der Oxalsäurebehandlung sollten Sie die Kiste bis zum Frühjahr nicht mehr öffnen. Achten Sie darauf, dass der Wetterschutz nicht durch den Wind klappern kann. Auch sollte nichts anderes, wie beispielsweise Äste, gegen die Kiste schlagen können. Unruhe im Bienenvolk kann dazu führen, dass mehr Vorräte verbraucht werden und es möglicherweise an Durchfall erkrankt.

Bienenvölker haben keine Probleme mit niedrigen Temperaturen und können sich auch bei zweistelligen Minusgraden problemlos warm halten. Es ist sogar gut, wenn es bereits im November längere Kälteperioden gibt, damit die Bienen frühzeitig aus der Brut gehen. Dies ist wichtig für ihre Gesundheit, und außerdem verbrauchen die Bienen weniger Vorräte, wenn sie keine Brut mehr wärmen müssen.

Bereits im Januar kann es aber sein, dass wieder ein kleines Brutnest angelegt wird und warm gehalten werden muss. Da die Bienenkiste eine große Dachfläche hat, ist es ratsam, ab dem Jahresbeginn eine Wärmeisolierung am Dach anzubringen, um die Bienen dabei zu unterstützen, das Brutnest warm zu halten. Die Bienenkiste kommt zwar auch ohne Wärmedämmung aus, sie kann aber dazu beitragen, dass der Futterverbrauch im Frühjahr geringer ist.

Verwenden Sie für die Dämmung Materialien, die atmen können – z. B. alte Wolldecken, Weichfaserplatten, Filz oder auch dicke Wellpappe, und legen Sie diese unter den Wetterschutz direkt auf das Dach. Diese Isolationsschicht darf natürlich nicht nass werden und verbleibt dort während der gesamten Durchlenzung (bis zum Beginn der Obstblüte). Wenn Sie im Winter wissen wollen, wie es Ihren Bienen geht, können Sie ein Ohr an die Kiste legen und aufmerksam lauschen. Sie sollten dann ein ganz leichtes Rauschen hören. Wenn Sie dann einmal gegen das Holz klopfen, brausen die Bienen kurz auf und werden sofort wieder ruhiger. Wenn die Bienen dagegen laut brausen und sich nach dem Klopfen nicht sofort wieder beruhigen, könnte das ein Zeichen für Weisellosigkeit sein (mehr dazu auf Seite 139).

Achten Sie auch darauf, dass bei starkem Schneefall das Flugloch nicht komplett zuschneit.

Es ist normal, dass Hunderte von Bienen während des Winters sterben. Wegen der Kälte können sie von den lebenden Bienen nicht ausgeräumt werden. In ungünstigen Fällen können sich sogar so viele tote Bienen innen vor dem Mäuseschutz ansammeln, dass das Flugloch ganz verstopft wird. Wenn Sie bei einem Kontrollgang viele tote Bienen im Flugloch sehen, sollten Sie den Mäuseschutz einmal kurz abnehmen und die toten Bienen herauskratzen.

Dokumentation

Machen Sie sich über das gesamte Jahr hinweg Notizen über alles, was Sie bei den Bienen beobachten. In Imkerkreisen wird dieses Notizheft »Stockkarte« genannt. Notieren Sie immer auch das Datum und ergänzen Sie Ihre Notizen um Beobachtungen zum Witterungsverlauf und zur Vegetationsentwicklung: Wann begann z. B. die Kirsch- oder Lindenblüte? War der Monat vielleicht ungewöhnlich kalt, trocken oder verregnet? So können Sie im Rückblick lernen, wie die Entwicklung des Bienenvolks von äußeren Bedingungen abhängt, und in Zukunft besser abschätzen, wann bestimmte Arbeiten wie Honigraumfreigabe oder Honigernte fällig sind.

Bei jedem Besuch am Bienenstand sollten Sie schauen, ob die Bienen große, deutlich sichtbare Pollenkugeln eintragen. Und jedes Mal, wenn Sie die Bienenkiste öffnen, schauen Sie, ob Sie verdeckelte Arbeiterinnenbrut sehen können. Beides sind Hinweise darauf, dass das Volk weiselrichtig ist, und auch sie gehören in das Notizbuch. Weitere Beobachtungen, die notiert werden sollten: Wie schwer war die Bienenkiste im Herbst und im Frühjahr? Wie weit ist der Brutraum ausgebaut und wie viele Wabengassen sind mit Bienen besetzt? Wie viel haben Sie in welchem Zeitraum gefüttert? Wann wurde der Honigraum freigegeben? Werden Weiselzellen im Volk gepflegt? Wann war der Zeitpunkt des Schwarmabgangs? Wie viel Honig haben Sie geerntet? Wie viele Varroamilben haben Sie bei der Puderzuckerdiagnose gezählt? Wann und wie ist die Varroabehandlung erfolgt?

So könnten Ihre Beobachtungen notiert sein:

12.3.2011: 12° C, Sonnenschein Reinigungsflug, reger Flugbetrieb

5.4.2011: 17°C, Sonne emsiger Polleneintrag, Gewicht der Bienenkiste: 37 kg. Verdeckelte Brut, 9 Wabengassen besetzt

20.4.2011: Beginn der Apfelblüte

27.4.2011: Volk beginnt unter dem Trennschied zu bauen.
→ Honigraum-Erweiterung

7.5.2011: Schwarmkontrolle: keine belegten Weiselzellen

14.5.2011: Schwarmkontrolle: keine belegten Weiselzellen

21.5.2011: etwa 10 belegte Weiselzellen! älteste Zelle 5 bis 6 Tage alt
→ frühester Schwarmzeitpunkt: 24.5.

29.5.2011: Schwarmabgang gegen 14 Uhr (heute erster schöner Tag, an den Tagen davor war Regen). Schwarm hing im großen Apfelbaum gegenüber auf 3 m Höhe. Gewicht: 2,5 kg.

1.6.2011: Beginn der Robinienblüte.

26.6.2011: Weiselkontrolle: verdeckelte Arbeiterinnen-Brut gesehen
→ neue Königin ist ok!

...

Die Honiggewinnung

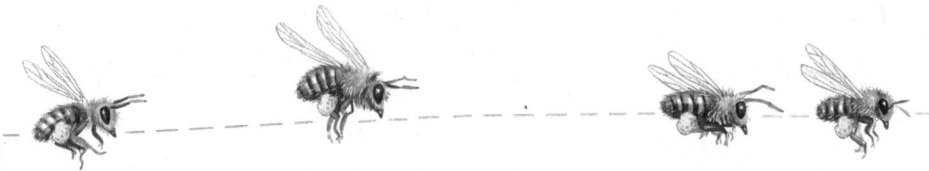

Sie benötigen keine Honigschleuder oder -presse, um Honig aus den Waben zu bekommen. Wenn Sie die Honigwaben zerkleinern, können Sie mithilfe eines einfachen selbst gebauten Filters unter Ausnutzung der Schwerkraft Wachs und Honig voneinander trennen. Wenn der Honigraum der Bienenkiste ganz mit Honig gefüllt ist, können Sie mit einem Reinertrag von 20 Kilogramm gefiltertem Honig rechnen. Es bleiben etwa weitere drei Kilogramm Honig im Wachs hängen, die nicht geerntet werden können. Das Gewicht des gewonnenen Bienenwachses liegt bei etwa einem Kilogramm.

Selbst gebauter Honigfilter und weitere Ausrüstung

Einen Honigfilter können Sie ganz einfach aus zwei Honigeimern mit Deckeln (Fassungsvermögen je 25 Kilogramm) und einem stabilen Gittergewebe bauen. In einen der Deckel schneiden Sie ein möglichst großes Loch, sodass nur noch ein etwa 5 cm breiter Rand stehen bleibt. In den Boden eines Eimers bohren Sie außerdem möglichst viele große Löcher mit Durchmessern von 1 bis 2 cm. Anschließend setzen Sie die Teile in folgender Reihenfolge zusam-

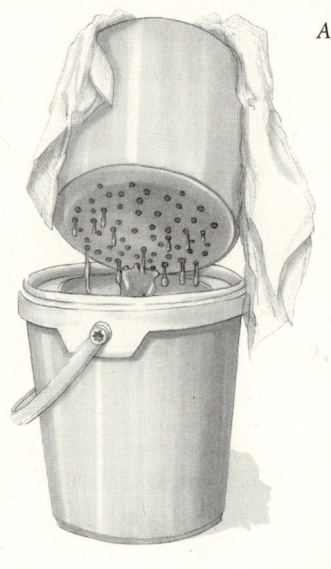

*Aus zwei Eimern und einem Gittergewebe
wird ein einfacher Honigfilter.*

men: Auf den Honigeimer ohne Löcher setzen Sie den Deckel mit der großen Öffnung. Darauf stellen Sie den gelöcherten Eimer. Er wird mit dem Gittergewebe von innen ausgekleidet, sodass dieses noch über den Rand hinausragt. In diesen ausgekleideten Eimer können Sie dann später die Honig-Wachs-Masse schütten.

Außer dem Filter brauchen Sie keine weitere spezielle Ausrüstung. Für die meisten Zwecke eignen sich auch Haushaltsgeräte.

Für eine optimale Verarbeitung des Honigs haben sich noch folgende Geräte bewährt:

▷ mindestens noch ein weiterer Honigeimer
  (25 Kilogramm Fassungsvermögen)
▷ Honigrührer »Auf und ab«
  (aus dem Imkerhandel)
▷ feines Seihtuch
  (»nach Meister Schundau«, aus dem Imkerhandel)
▷ Teigschaber
▷ Abfüll-Eimer
  (40 Kilogramm Hobbock mit Quetschhahn, aus dem Imkerhandel)

Da Sie den Honig vermutlich in kleine Portionen abfüllen wollen, benötigen Sie eine ausreichende Anzahl dicht schließender, geruchsfreier Gläser mit Twist-off-Deckeln.

Verarbeitung des Honigs

Sie sollten die Honigwaben nach der Entnahme aus der Bienenkiste (siehe Seite 102) sofort weiterverarbeiten. Wenn Sie die Waben länger zwischenlagern, könnte der Wassergehalt des Honigs steigen und der Honig bleibt nicht mehr lange lagerfähig. Außerdem ist der Honig direkt nach der Ernte noch sehr flüssig.

Die Gewinnung des Honigs sollte in einem geschlossenen (bienendichten), möglichst trockenen und geruchsfreien Raum erfolgen. Honig nimmt leicht Gerüche an und ist hygroskopisch (d. h., er zieht Wasser aus der Umgebung an). Ideal sind Raumtemperaturen zwischen 24 und 28 Grad Celsius. Bei Zimmertemperatur dauert der Filtervorgang etwas länger und der Wirkungsgrad ist schlechter.

Nehmen Sie eine Wabe nach der anderen aus der Plastikkiste und untersuchen Sie sie gründlich auf aufsitzende Bienen oder Brutreste. Manchmal stecken auch einzelne Bienen in leeren Wabenzellen. Entfernen Sie diese nötigenfalls durch Abfegen und Ausschneiden von Brutzellen.

Die Waben werden mit einem Messer von den Trägerleisten geschnitten.
Mit dem Honigrührer können sie gut zerdrückt werden.

Kleine Honigernte

Das Honig-Wachs-Gemisch schütten Sie in den selbst gebauten Honigfilter (siehe Seite 114). Wenn Sie nur eine kleine Menge ernten oder zwischendurch einmal ein Stück Wabe aus der Bienenkiste herausschneiden, reicht als Filter auch ein einfacher Durchschlag, um Wachs und Honig zu trennen.

Anschließend schneiden Sie die Wabe von der Trägerleiste und sammeln sie in einem Honigeimer. Wenn etwa drei bis vier Waben beisammen sind, zerschneiden Sie diese zunächst mit einem langen stabilen Messer in kleine Stückchen. Anschließend werden die Wabenstücke mit einem stabilen Gegenstand, z. B. einem Kartoffelstampfer aus Holz, zerdrückt. Auch der Honigrührer »Auf und ab«, mit dem man später den Honig cremig rühren kann, eignet sich für diese Arbeit sehr gut.

Sammeln Sie die abgeschnittenen Trägerleisten in einem weiteren Eimer. Die Leisten können später noch einmal über Nacht in den leeren Honigraum der Bienenkiste gelegt werden, damit die Bienen sie von den Honigresten reinigen.

Die Honig-Wachs-Mischung wird anschließend durch die selbst gebaute Filterkonstruktion laufen gelassen (siehe Seite 114). Dadurch trennen sich Wachs und Honig. Innerhalb von ein bis zwei Tagen hat sich – je nach Raumtemperatur – der größte Teil des Honigs im unteren Eimer gesammelt. Spätestens nach drei bis vier Tagen sollte der Filter abgebaut werden, da sonst Gefahr besteht, dass der Wassergehalt des Honigs durch die Luftfeuchtigkeit steigt und er deshalb nicht mehr unbegrenzt lagerfähig ist.

Um den Filterprozess zu beschleunigen, können Sie nach einiger Zeit, wenn schon ein Teil des Honigs herausgetropft ist, das Filtertuch mit einer Schnur zusammenbinden und über dem Eimer aufhängen. Als Gestell zum Aufhängen eignet sich z. B. eine aufgeklappte Haushaltsleiter, die Sie über den am Boden stehenden Eimer stellen.

Sie können den Honig nach dem Filtern direkt in Gläser abfüllen und genießen. Es schwimmen aber noch kleine Wachskrümel im Honig, die sich zusammen mit einer Art Schaum auf der Oberfläche absetzen werden. Außerdem wird der Honig im Laufe der Zeit immer fester. Wer einen cremigen Honig ohne Schaum und Wachskrümel haben möchte, muss ihn vor dem Abfüllen noch etwas weiterverarbeiten:

Um die restlichen Wachskrümel aus dem Honig herauszufiltern, können Sie ihn durch ein feines Seihtuch gießen. Im Imkerhandel gibt es dafür das »Seihtuch nach Meister Schundau«. Das Seihtuch wird dazu über den Rand eines weiteren Honigeimers gespannt, sodass es etwas in den Eimer hineinhängt, aber nicht vom Gewicht des Honigs in den Eimer gezogen werden kann. Sie können es z. B. umlaufend mit mindestens acht Wäscheklammern am Rand befestigen. Wer es etwas professioneller haben möchte, kann sich stattdessen auch ein Dreibeinstativ und ein passendes Nylonsieb (fein, spitz, Maschengröße 0,3 mm²), das zum Filtern auf einen Honigeimer gestellt wird, kaufen.

Mit einer Frischhaltefolie können Schaum und Wachskrümel von der Oberfläche des Honigs abgezogen werden.

Wenn Sie den Honig anschließend ein paar Tage stehen lassen, setzen sich an der Oberfläche Schaum und die restlichen Wachskrümel ab. Mit Frischhaltefolie können Sie den Schaum ganz einfach entfernen: Bedecken Sie dazu die Honigoberfläche mit der Folie, streichen Sie alle Luftblasen aus und ziehen Sie sie, ohne abzusetzen, in einer langsamen kontinuierlichen Bewegung ab. Der Schaum bleibt mit etwas Honig nahezu vollständig an der Folie haften (siehe Abbildung auf Seite 117).

Um eine cremige Konsistenz zu erzielen, müssen Sie zunächst den Honig so lange stehen lassen, bis er anfängt zu kristallisieren. Das erkennen Sie daran, dass er einen perlmuttartigen Schimmer bekommt. Je nach Zusammensetzung des Honigs dauert es einige Wochen oder Monate, bis es so weit ist. Ab diesem Zeitpunkt wird der Honig alle ein bis zwei Tage ein paar Minuten lang gerührt. Dazu können Sie sehr gut den Hand-Honigrührer »Auf und ab« verwenden. Nach etwa ein bis zwei Wochen bekommt der Honig eine cremige Konsistenz und kann dann in Gläser gefüllt werden.

Wenn Sie gleich nach der Ernte ein Glas cremigen Honig vom Vorjahr als Starter in den Honig rühren, beginnt die Kristallisation schneller und Sie können sofort mit dem Rühren beginnen.

Honig abfüllen

Wenn Sie den Honig nicht cremig rühren wollen, sollten Sie ihn nicht unnötig lange im Honigeimer lagern. Wenn Sie zu lange warten, kann es sein, dass der Honig plötzlich fest geworden ist. Das kann – je nach Sorte – schon ein paar Wochen nach der Ernte der Fall sein.

Es ist zwar möglich, den Honig vorsichtig und langsam aus dem Eimer in Gläser zu gießen oder mit einer Schöpfkelle herauszuschöpfen. Das ist aber recht umständlich und kann schnell zu einer sehr klebrigen Angelegenheit werden. Komfortabler geht es mit einem »Abfüll-Hobbock« mit Quetschhahn, den Sie im Imkerhandel bekommen. Das ist ein Eimer, der unten einen Auslass mit einer

Art »Schieber« hat. So können Sie sehr genau die Fließgeschwindigkeit des Honigs bestimmen und den Honigfluss punktgenau stoppen, wenn das Glas voll ist. Das ist eine Aufgabe, die auch Kinder gerne übernehmen.

Füllen Sie den Honig nur in Gläser, die einen luftdicht schließenden Deckel haben. Falls Sie gebrauchte Gläser verwenden wollen, sollten Sie sicherstellen, dass die Deckel nicht riechen und sorgfältig gereinigt wurden. Honig nimmt leicht fremde Gerüche an.

Der Abfüll-Hobbock macht das Abfüllen des Honigs kinderleicht.

Honigqualität in der Großstadt

Wenn Sie Bienen in einer Großstadt halten wollen, fragen Sie sich vielleicht, ob Stadthonig mit Schadstoffen belastet ist. Untersuchungen haben mittlerweile gezeigt, dass Stadthonig in Qualität und Reinheit einem Landhonig in nichts nachsteht.

Dafür gibt es verschiedene Gründe. Zum einen hat die Luftverschmutzung durch Autoverkehr und Industrie dank des Einsatzes von Katalysatoren und Rauchgasfiltern in den letzten Jahrzehnten stark abgenommen. Auch verbleites Benzin wird schon lange nicht mehr verwendet. Außerdem gibt es Mechanismen im Bienenvolk, mit denen dem Nektar Schadstoffe wieder entzogen werden können. Der Bienenkörper absorbiert in seinem Fettgewebe fettlösliche Schadstoffe aus dem Nektar. Und auch das Wachs der Waben zieht diese Stoffe zum Teil wieder aus dem Honig und bindet sie.

In Großstädten gibt es zudem – anders als in der intensiven Landwirtschaft – keine großflächige Ausbringung von Pestiziden und Insektiziden, die ein wesentlich größeres Problem darstellen als die Luftschadstoffe.

Eine weitere potentielle Quelle für Verunreinigungen im Honig kann vom übermäßigen Einsatz von Medikamenten im Bienenvolk herrühren. Die Betriebsweise der Bienenkiste orientiert sich an strengsten Bio-Richtlinien. Es kommen nur organische Säuren zum Einsatz, die auch natürliche Bestandteile des Honigs sind und durch Art und Zeitpunkt der Anwendung ohnehin nicht mit dem Honig, den Sie ernten, in Berührung kommen können.

Wachsgewinnung

Im Honigfilter verbleibt nach dem Abtropfen des Honigs bis zu ein Kilogramm hochwertiges Wachs, das Sie entweder selbst zu Kerzen weiterverarbeiten oder bei Ihrem Lieferanten der Mittelwände gegen neue Mittelwände tauschen können.

Geben Sie das Filtertuch mit den Wabenresten in einen Eimer und spülen Sie das Wachs mehrfach mit kaltem Wasser aus, sodass die Honigreste ausgewaschen werden. Leeren Sie das Wachs aus dem Filtertuch in einen alten Topf und füllen Sie Wasser auf. Erhitzen Sie das Gefäß, bis das Wachs geschmolzen ist, und lassen Sie es langsam abkühlen. Das Wachs setzt sich oben als Platte ab. Nehmen Sie es nach dem Erkalten aus dem Topf und kratzen Sie mit dem Stockmeißel grob den Trester von der Unterseite der Wachsplatte.

Das Filtertuch können Sie problemlos mehrfach wiederverwenden. Sie können es mit einem simplen Trick von den Wachskrümeln reinigen: Nachdem Sie die Wachskrümel aus dem Tuch geschüttelt haben, wird das Tuch mehrfach in einem Eimer mit sauberem kalten Wasser gespült. Die jetzt noch anhaftenden Wachskrümel bekommen Sie vom Tuch, indem Sie es ausgebreitet halten und kräftig ausschlagen. Das wiederholen Sie, indem Sie jeweils an anderen Ecken anfassen und erneut kräftig schütteln. Sie sollten das draußen machen, alte Kleidung anziehen und etwas auf den Kopf setzen, weil die Wachskrümel dabei in alle Richtungen fliegen!

Das Rohwachs können Sie über mehrere Ernten sammeln und dann gemeinsam erneut mit Wasser erhitzen und anschließend ganz langsam abkühlen lassen. Dazu packen Sie den Topf in einen Schlafsack oder eine Wolldecke. Die Schmutzstoffe sammeln sich wieder an der Unterseite des Wachsblocks und können nach dem Abkühlen erneut mit dem Stockmeißel abgekratzt werden. Für den Tausch des Wachses gegen neue Mittelwände reicht das aus.

Wenn Sie daraus aber Kerzen herstellen wollen, muss das Wachs noch gründlicher gereinigt werden. Dazu wird es erneut verflüssigt und durch eine Baumwollwindel gegossen. Geben Sie heißes Wasser hinzu, erhitzen Sie den Topf erneut und lassen ihn wieder ganz langsam abkühlen. Wiederholen Sie den gesamten Prozess nötigenfalls noch ein- bis zweimal.

Um flüssiges Wachs erkalten zu lassen, ist ein konisch geformter Metalleimer (oder für kleinere Mengen eine Kastenbackform) ideal. Durch die schrägen Wände bekommt man das erkaltete Wachs später viel leichter aus dem Gefäß als bei einem Topf mit geraden Wänden.

Propolis verwerten

Sie können auch etwas Propolis verwerten, mit dem die Bienen im Innenraum alle Flächen überziehen. Die Bienen verwenden dieses Knospenharz auch, um Löcher und Ritzen nach draußen zu schließen. Wenn Sie das Rückbrett oder Trennschied herausnehmen, kann es sein, dass sich diese klebrige Substanz an den Rändern befindet und beim Wiedereinsetzen stört. Kratzen Sie daher von Zeit zu Zeit das Propolis mit der gebogenen Seite des Stockmeißels ab. Sie können es in einem kleinen Behälter sammeln und – wenn Sie genug davon beisammen haben – eine Tinktur herstellen, die bei äußerer und innerer Anwendung eine kräftigende und heilsame Wirkung hat:

Geben Sie das Propolis ins Tiefkühlfach und zerkleinern Sie es anschließend möglichst fein mit dem Mörser oder einer alten Kaffeemühle. Geben Sie die doppelte Gewichtsmenge medizinischen Alkohol in einem Schraubglas dazu, verschließen Sie es und lassen es mindestens zwei Wochen bei Zimmertemperatur ziehen (gelegentlich etwas schwenken). Anschließend filtrieren Sie es mit einem Kaffeefilter und füllen es in eine Flasche. Haben Sie beim Filtrieren etwas Geduld. Es kann mehrere Stunden dauern, bis die Tinktur hindurchgelaufen ist.

Propolistinktur wird vielfältig eingesetzt, z. B. innerlich zur Stärkung des Immunsystems oder als Mundspülung bei Zahnfleisch- oder Halsentzündungen.

Bauerneuerung und Neubesiedlung

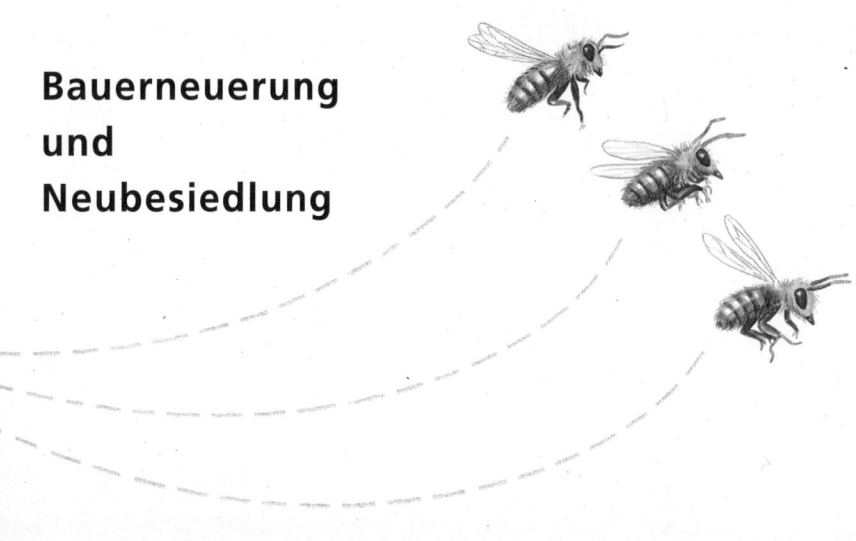

Bei jedem Brutzyklus bleibt eine hauchdünne Haut von der Verpuppung in den Wabenzellen zurück. Dadurch werden die Brutzellen im Laufe der Zeit immer kleiner und dunkler. Es ist empfehlenswert, nach ein paar Jahren die Waben im Brutbereich herauszunehmen, damit das Bienenvolk frische, neue Waben bauen kann.

Falls es einmal passiert, dass ein Bienenvolk den Winter nicht überlebt und Sie im Frühjahr vor einer leeren Bienenkiste stehen, sollten Sie ebenfalls die alten Waben herausnehmen und die Bienenkiste reinigen, bevor Sie einen neuen Schwarm einlogieren.

Brutwaben austauschen

In der konventionellen Bienenhaltung werden die Brutwaben oft in einem Rotationsverfahren kontinuierlich erneuert, sodass nach wenigen Jahren alle Waben ausgetauscht sind, ohne dass der Brutbetrieb unterbrochen wurde. Dadurch können sich aber Krankheitskeime und Varroamilben besser im Volk halten. Außerdem wird die natürliche Nestordnung ständig durcheinandergebracht, was für die

Bienen zusätzlichen Stress bedeutet. In der Bienenkiste bleiben die Brutwaben – wie in der Natur – über mehrere Jahre unangetastet im Volk und werden dann im Rahmen des Schwarmtriebs komplett erneuert.

Zwischen dem dritten und fünften Jahr ist es sinnvoll, die Brutwaben bei der nächsten sich bietenden Gelegenheit auszutauschen. Damit Sie keine Brut schädigen, sollten Sie einen Zeitpunkt abpassen, an dem möglichst wenig Brut im Volk ist. Nachdem das Bienenvolk einen Vorschwarm abgegeben hat, gibt es eine kurze brutfreie Phase. Die Brut der alten Königin ist geschlüpft, und die neue Königin hat gerade erst ihren Hochzeitsflug absolviert.

Wenn also das Bienenvolk ab dem dritten Jahr das nächste Mal in den Schwarmtrieb kommt, warten Sie nach dem Abgang des Vorschwarms genau vier Wochen. Nun entnehmen Sie alle Waben aus der Bienenkiste. Das machen Sie am besten an zwei verschiedenen Tagen. Zunächst ernten Sie ganz normal den Honig, und an einem der nächsten Tage nehmen Sie auch die Brutwaben heraus und fegen die aufsitzenden Bienen in eine Schwarmkiste. Es ist wesentlich einfacher, wenn Sie diese Arbeit zu zweit machen. Holen Sie sich nach Möglichkeit Unterstützung von einem erfahreneren Imker.

Schauen Sie sich jede Wabe vorher aufmerksam an. Wenn Sie die Königin entdecken, sollten Sie sie herausfangen und übergangsweise »käfigen«, um sie zu schützen. Es ist kein Problem, die Königin mit einem beherzten Griff zwischen Daumen und Zeigefinger zu nehmen und dann in einer kleinen Schachtel (Streichholzschachtel, Plastikdose) zu sichern. Die Königin wird dabei sicher nicht stechen.

Verständlicherweise haben Sie als Anfänger eine gewisse Scheu davor. Sie können das vorher trainieren, indem Sie Drohnen – die ja keinen Stachel haben – von den Waben oder am Flugloch fangen üben. Ein Hilfsmittel, das weniger »Fingerspitzengefühl« voraussetzt, ist der »Königinnen-Abfangclip« aus dem Imkerhandel. Er sieht aus wie eine große Haarklammer und ist so geformt, dass die Arbeiterinnen durch die Ritzen der Klammer wieder herauslaufen können, die Königin aber nicht hindurchpasst und gefangen bleibt.

Sie schöpfen also mit dem Clip an der Stelle, wo die Königin sitzt, einige Bienen ab und müssen weder die Bienen anfassen noch genau die Königin treffen. Die so gesicherte Königin lassen Sie nach dem Abfegen aller Waben als Letztes in die Schwarmkiste zu ihrem Volk laufen. Sollten Sie die Königin nicht sehen oder nicht sichern können, ist das aber kein Problem. Wenn sie zusammen mit den anderen Bienen einfach in die Schwarmkiste purzelt, wird sie das in aller Regel auch gut überstehen. Stellen Sie die Schwarmkiste in den Keller oder an einen schattigen Platz, sodass die Bienen sich beruhigen können und nicht überhitzen.

Reinigen Sie die Bienenkiste (siehe Seite 126), setzen Sie neue Trägerleisten mit Wachsstreifen und das Trennschied in die Bienenkiste ein.

Anschließend geben Sie das Bienenvolk zurück. Sie können die Bienen wie einen Schwarm einlaufen lassen und sich bei der weiteren Betreuung am Kapitel »Die ersten Wochen« auf Seite 78 orientieren. Das Bienenvolk wird, genau wie ein Schwarm, innerhalb weniger Wochen das notwendige Wabenwerk neu bauen. Der Honigraum bleibt zunächst leer und wird nur dann noch einmal

---

Vernetzung und Hilfe von erfahrenen Imkern

Die Bienenhaltung in der Bienenkiste ist relativ einfach, weil wir so wenig wie möglich in die natürlichen Abläufe eingreifen. Wenn aber größere Eingriffe wie Honigernte und Bauerneuerung vorgenommen werden müssen oder etwas nicht nach Plan läuft, ist man als Anfänger froh, auf den Rat und die tatkräftige Hilfe von einem erfahrenen Imker zurückgreifen zu können. Wenden Sie sich an den örtlichen Imkerverein und suchen Sie Kontakt zu anderen Bienenkisten-Imkern in Ihrer Region. Das Bienenkisten-Netzwerk und die dazugehörige Adressliste auf unserer Internetseite (siehe Seite 153) soll eine regionale Vernetzung unterstützen. Vielleicht organisieren Sie wechselseitige Besuche oder gründen einen Bienenkisten-Stammtisch?

freigegeben, wenn das Bienenvolk im vorderen Raum schon gut gebaut hat und noch Tracht zu erwarten ist. Der Honigertrag wird im Jahr der Wabenerneuerung daher geringer ausfallen. Sie können aber vielleicht noch einen Teil des Honigs aus den alten Brutraumwaben ernten und selbst verbrauchen oder dem Bienenvolk zurückgeben.

Benutzte Bienenkiste auf ein neues Bienenvolk vorbereiten

Wenn ein Bienenvolk den Winter nicht überlebt hat oder Sie ein schwaches oder krankes Bienenvolk auflösen mussten, sollten Sie alle Brutwaben entnehmen und die Bienenkiste gründlich reinigen.

Nachdem Sie die alten Waben und die restliche Innenkonstruktion (Querleisten, seitliche Auflageleisten) entnommen haben, säubern Sie die Kiste gründlich von innen. Kratzen Sie Propolis und Wachsreste mit dem Stockmeißel heraus und wischen Sie die Kiste mit lauwarmem Wasser aus. Wenn die Kiste schon länger in Betrieb war oder wenn Sie unsicher über die Todesursache des Bienenvolkes sind, sollte sie zusätzlich ausgeflämmt werden: Gehen Sie mit der Flamme einer Lötlampe von innen über alle Holzflächen, sodass sich die Oberfläche leicht verfärbt, aber nicht verbrennt!

Verwenden Sie die alten Waben nicht wieder. Sie könnten Bienenviren und Faulbrutsporen enthalten. Aus diesem Grunde sollten Sie auch keinen Honig von gestorbenen Bienenvölkern an andere Bienenvölker verfüttern. Schneiden Sie die alten Waben von den Holzleisten und geben Sie diese in den Hausmüll. Sie können zwar auch den Honig ernten und das Wachs einschmelzen, wie bei den Waben im Honigraum. Der Honig hat aber in aller Regel nicht die Qualität, um für den Verzehr geeignet zu sein. Besonders, wenn das Bienenvolk im Winter eingegangen ist, kann der Honig im Brutraum Zucker von der Winterfütterung und Ameisen- oder Oxalsäurerückstände enthalten. Vielleicht sind die Waben auch etwas angeschimmelt.

Bei der Bauerneuerung ist eine Verwendung des Honigs aus dem Brutraum als Futter oder für den eigenen Bedarf dagegen unbedenklich.

Die Leisten werden mit dem Stockmeißel saubergekratzt, abgewischt und vorsichtig mit dem Stockmeißel oder einem Schraubenzieher auseinandergehebelt, sodass die Nägel nicht verbiegen. Legen Sie neue Wachsleitstreifen ein und fügen Sie die Teile wieder zusammen (siehe Seite 56, Bauanleitung: Innenausbau). Normalerweise reicht die Spannung der Nägel aus, dass die Streifen sicher gehalten werden. Sie können die Teile einfach mit der Hand wieder zusammendrücken, sollten aber zusätzlich die Nägel noch einmal mit dem Hammer festklopfen. Falls die Verbindung schon ausgeleiert ist, sollten Sie an anderen Stellen mehrere Nägel neu setzen!

Behandeln Sie am besten jede Leiste einzeln nacheinander, sodass Sie nicht den Überblick verlieren, welche beiden Leistenteile jeweils zusammengehören.

Honigraum-Trägerleisten erneut verwenden

Nach der Honigernte hatten Sie die Honigraum-Trägerleisten über Nacht in den Honigraum zurückgelegt, sodass die Bienen sie von Honigresten reinigen konnten. Kratzen Sie anschließend noch die Wachs- und Propolisreste von den Leisten und lagern Sie diese bis zum nächsten Frühjahr. Um neue Mittelwand-Wachsplatten einzusetzen, verfahren Sie genauso wie bei den gebrauchten Trägerleisten aus dem Brutraum: Hebeln Sie jedes Leistenpaar auseinander, beseitigen Sie die Wachsreste, legen Sie eine neue passende Mittelwand ein und fügen Sie die Teile wieder zusammen. Das sollten Sie aber erst unmittelbar vor dem nächsten Einsatz machen, damit die Mittelwände nicht verbiegen oder abbrechen.

Krankheiten und Problembehandlung

Bienenvölker haben erstaunliche Fähigkeiten, sich selbst gesund zu erhalten. Die Putzbienen halten jeden Winkel der Waben sauber, und kranke Bienen verlassen den Stock und sterben draußen. Außerdem enthalten alle Bienenprodukte verschiedene natürliche Antibiotika. Eine artgerechte, naturnahe Bienenhaltung begünstigt die natürlichen Regelmechanismen im Bienenvolk. Auch die natürliche Auslese schwacher, nicht überlebensfähiger Bienenvölker, die heute oft vom Imker vorweggenommen wird, sorgt dafür, dass sich nur vitale Völker vermehren.

Durch tiefe Eingriffe in das natürliche Gleichgewicht der Natur, durch globalen Bienenhandel, einseitige Zucht und die Einschleppung von Parasiten und Krankheitserregern aus anderen Erdteilen können heute unsere Honigbienen in Mitteleuropa ohne imkerliche Unterstützung leider kaum noch überleben. Besonders die Varroamilbe ist ein ernstes Problem.

Varroamilben

Die Varroamilbe *(Varroa destructor)* ist ein Parasit, der vor etwas über dreißig Jahren aus Asien eingeschleppt worden ist. Die dort heimische Bienenrasse *Apis cerana* kann den Milbenbefall selbst regulieren. Unsere heimische Bienenrasse *Apis mellifera* erkennt die Varroamilbe aber nicht als Bedrohung und geht früher oder später an Sekundärinfektionen zugrunde, die durch die Milben ausgelöst werden. Nur wenn das Bienenvolk regelmäßig entmilbt wird, kann es sich gesund entwickeln.

Da sich die Varroamilbe in den verdeckelten Brutzellen vermehrt, kann sie während der Brutsaison nur schlecht bekämpft werden. Im Winter gibt es im Bienenvolk eine kurze Zeit, in der nicht gebrütet wird. In diesem Zeitraum können Sie die Varroamilbe relativ bienenschonend bei sehr gutem Wirkungsgrad mit Oxalsäure bekämpfen. Das allein reicht aber leider nicht. Kein Bienenvolk ist

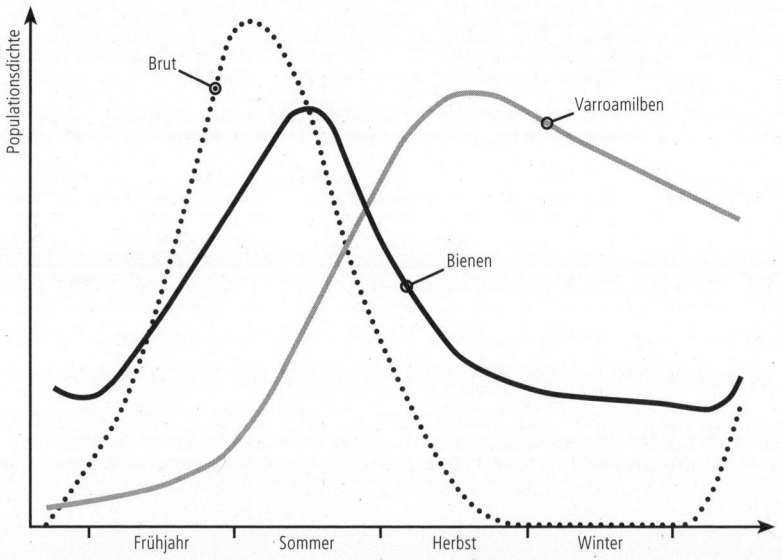

Ende Juni steigt die relative Varroamilbenbelastung stark an. Nach der Honigernte wird daher mit Ameisensäure behandelt. Ob dies ein zweites Mal nötig ist, kann mit der Puderzuckermethode festgestellt werden. (Abbildung nach: Dr. Gerhard Liebig, Einfach imkern, 2. Auflage)

hundertprozentig milbenfrei. Und selbst wenn es so wäre, könnten aus anderen Stöcken in der Umgebung erneut Milben eingeschleppt werden, die sich dann schnell wieder vermehren würden.

Wenn nach der Sommersonnenwende das Bienenvolk stetig kleiner wird, steigt die relative Varroabelastung rapide an und in ungünstigen Fällen bricht das Volk innerhalb von wenigen Wochen zusammen. Aus diesem Grund führt man nach der Honigernte eine oder mehrere Entmilbungen mit Ameisensäure durch. Die Ameisensäure tötet die Varroamilben und wirkt zum Teil auch in die Brutzellen hinein. Sie können davon ausgehen, dass mindestens eine Behandlung mit Ameisensäure notwendig sein wird, die man direkt nach der Honigernte durchführen sollte (siehe Seite 134). Später droht dann noch die Gefahr der »Reinvasion«. Es kann im August und September vorkommen, dass sich Ihr Bienenvolk bei anderen hoch belasteten Völkern im Flugradius »ansteckt«. Sie können sich also mit einer einmaligen Ameisensäurebehandlung nicht in Sicherheit wiegen, zumal der Wirkungsgrad etwas unsicher ist und unter anderem auch vom Wetter abhängt. Anderseits sollten Sie überflüssige Behandlungen vermeiden, da sie eine erhebliche Belastung für das Bienenvolk bedeuten. Wenn Sie im August und September den Milbenbefall noch ein- bis zweimal mit der Puderzuckermethode kontrollieren, können Sie besser entscheiden, ob eine erneute Ameisensäurebehandlung nötig ist.

Varroadiagnose mit Puderzucker

Die Puderzuckerdiagnose ist eine genaue und bienenschonende Art, die Milbenbelastung in der Bienenkiste zu bestimmen. Sie müssen sich dafür einmalig einen Schüttelbecher anfertigen. Das ist ein stabiler Behälter mit mindestens 750 Milliliter Volumen, der auf der einen Seite einen abnehmbaren Deckel hat, in den möglichst großflächig ein Gittergewebe (z. B. Kunststoffgitter für Varroaböden aus dem Imkerbedarf, Maschenweite etwa 3 mm) eingesetzt ist. Sie können z. B. einen wiederverschließbaren 1-Kilogramm-Joghurteimer nehmen, ein möglichst großes Loch in den Deckel hineinschneiden und das Gitter mit Heißkleber einkleben oder einschmelzen.

Als weitere Ausrüstung brauchen Sie Puderzucker und eine Küchenwaage, außerdem einen Esslöffel, ein Einhand-Mehlsieb, eine möglichst helle Schüssel und eine große Plastikkiste oder -wanne. Die Puderzuckermethode liefert nur bei trockenem Wetter zuverlässige Ergebnisse. Auch der Puderzucker und die Bienen müssen absolut trocken sein.

Zur Bestimmung der Milbenbelastung stellen Sie die Bienenkiste aufrecht, nehmen den Boden ab und stoßen die auf dem Bodenbrett sitzenden Bienen in die Plastikkiste. Wenn Sie das Brett einfach senkrecht über die Plastikkiste halten und eine ruckartige Bewegung nach unten und oben machen, fallen alle Bienen vom Brett in die Plastikkiste. Stoßen Sie sie einmal mit der Ecke auf und schütten Sie etwa 50 Gramm Bienen in den Schüttelbecher. Nun wird der Becher mit dem Deckel verschlossen und das genaue Bienengewicht mithilfe der Waage bestimmt (vorher das Leergewicht des Schüttel-

Die Bienen werden im Schüttelbecher mit Puderzucker bestäubt.
Durch das Gittergewebe wird der Zucker mitsamt den aufsitzenden
Varroamilben herausgeschüttelt.

bechers notieren). Es kommt nicht so genau auf die Bienenmenge an. Sie müssen nur die Angaben in der folgenden Tabelle entsprechend umrechnen.

Geben Sie bei 50 Gramm Bienen etwa drei gehäufte Esslöffel gut gesiebten, trockenen Puderzucker durch das Gittergewebe hindurch auf die Bienen und warten Sie drei Minuten. Anschließend wird der Schüttelbecher umgedreht und eine Minute lang der gesamte Puderzucker sehr kräftig durch das Gitter herausgeschüttelt, indem Sie den Becher wie einen Cocktailshaker auf und ab bewegen. Mit dem Puderzucker fallen alle aufsitzenden Varroamilben von den Bienen ab. Auch wenn das Schütteln etwas brutal wirkt, überstehen die Bienen die Prozedur gut, wenn Sie nicht zu kräftig, sondern mit etwas Gefühl schütteln. Sie können die bepuderten Bienen anschließend einfach wieder in den hinteren Raum der Bienenkiste zurückschütten. Sie werden von ihren Schwestern wieder sauber geputzt.

Die Milben sind im Puderzucker schwer zu erkennen. Die einfachste Methode, sie sichtbar zu machen, besteht darin, den Schüttelbecher über einer hellen Schüssel auszuschütteln und anschließend einfach reichlich Wasser hinzuzugeben. Der Zucker löst sich auf und die etwa 1,5 mm großen, ovalen, braun gefärbten Varroamilben können in der klaren Flüssigkeit gezählt werden. Ihre Anzahl im Verhältnis zur Bienenmenge gibt Aufschluss darüber, ob eine Behandlung mit Ameisensäure nötig ist:

Handlungsbedarf (bezogen auf 50 g Bienen)	Juli	August	September
Volk vorerst ungefährdet	< 5 Milben	< 10 Milben	< 15 Milben
Behandlung in nächster Zeit erforderlich	5 – 25 Milben	10 – 25 Milben	15 – 25 Milben
Schadschwelle überschritten, unverzüglich behandeln!	über 25 Milben		

(Varroadiagnose mit Puderzucker nach: Bieneninstitut Kirchhain)

133

Durchführung der Ameisensäurebehandlung

Sie benötigen für die Behandlung einen Nassenheider Verdunster, eine einfache Plastikvorrichtung, aus der die Ameisensäure gleichmäßig auf ein Vliestuch tropft und dort verdunstet. Verwenden Sie den Nassenheider Verdunster mit Nachrüstsatz »horizontal« oder den Nassenheider Verdunster »professionell«. Außerdem benötigen Sie als Tierarzneimittel zugelassene Ameisensäure (60 Prozent, *ad usum veterinare,* abgekürzt *ad us. vet.*), Gummihandschuhe, Schutzbrille, Lappen und einen Eimer mit Wasser. Ein kleiner Trichter oder eine Flasche mit Schwanenhals kann für das Einfüllen der Ameisensäure hilfreich sein, da der Verdunster nur eine kleine Öffnung hat.

Die Ameisensäure zirkuliert am besten, wenn Sie das Trennschied herausnehmen. Nach der Behandlung müssen Sie es sofort wieder einsetzen, damit die Bienen nicht in den hinteren Raum hinein »wild« bauen. Sollten aber direkt am Trennschied prall gefüllte, schwere Honigwaben angebaut sein, ist es besser, das Schied nicht herauszunehmen – besonders dann nicht, wenn es sich um einen erst in diesem Jahr einlogierten Schwarm handelt. Es könnte sonst passieren, dass Waben ohne den Halt am Trennschied abreißen.

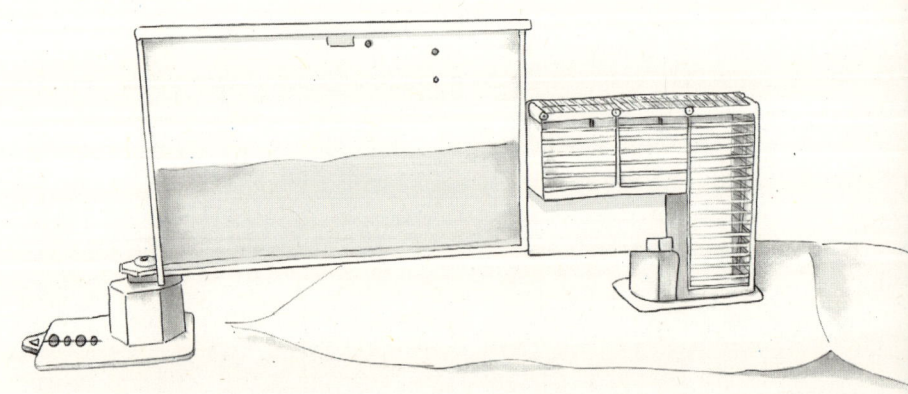

Aus dem Nassenheider Verdunster tropft die Ameisensäure auf ein Vlies und verdunstet von dort aus. Das Vlies sollte möglichst nah und zentriert vor Waben geschoben werden.

Sicherheitshinweis

Ameisensäure ist sehr stark ätzend! Tragen Sie alte Kleidung, die Beine und Arme vollständig bedeckt, Gummihandschuhe und eine Schutzbrille. Und haben Sie stets einen Eimer Wasser in Reichweite. Vermeiden Sie Spritzer und wischen Sie alles, was mit der Ameisensäure in Berührung gekommen ist, sofort mit einem feuchten Tuch ab.

Das Wetter sollte während der Behandlung möglichst trocken sein. Die Tagestemperaturen sollten 30 Grad Celsius nicht überschreiten und nachts sollte es nicht kälter als 5 Grad Celsius werden.

Bauen Sie den Nassenheider Verdunster nach der mitgelieferten Anleitung zusammen und füllen Sie den Tank mit der Ameisensäure. Setzen Sie zunächst den größeren Docht ein und schieben Sie das Schutzgitter über den Docht. Nun öffnen Sie die Bienenkiste von hinten, geben einen kurzen Rauchstoß und legen eine Plastikfolie auf den Boden. Legen Sie das Vliestuch auf die Folie, sodass es keinen direkten Kontakt zum Boden hat. Schieben Sie das Vlies möglichst nah an das Wabenwerk. Stellen Sie den Verdunster so auf das Vliestuch, dass der vordere Fuß ungefähr in der Mitte des Tuchs steht.

Folgende Dosierungen werden empfohlen:

▷ Juli/August: Verdunstungsrate 20 bis 30 ml täglich über 10 bis 14 Tage (großer bis mittlerer Docht), Temperaturen zwischen 15 und 30 °C.

▷ September: Verdunstungsrate 10 bis 15 ml täglich über 10 bis 14 Tage (mittlerer bis kleiner Docht), Temperaturen über 10 °C.

Wenn der Verdunster schon nach weniger als 10 Tagen leer ist, füllen Sie ihn noch einmal nach, um die Mindestverdunstungsdauer sicherzustellen.

Wenn ein junges Bienenvolk den vorderen Raum noch nicht ganz ausgebaut hat, sodass ein Bereich von vorne bis hinten durchgängig leer ist, sollten Sie vorne das Flugloch in diesem Bereich mit einem Schaumstoffstreifen verschließen. Ansonsten könnten die Bienen die Ameisensäure am Wabenwerk vorbei direkt zum Flug-loch fächeln und der Wirkungsgrad wäre schlechter.

Behandeln Sie alle Bienenvölker an einem Standort gleichzeitig. Sonst besteht die Gefahr, dass die Völker sich wieder gegenseitig durch »Reinvasion« anstecken.

Nach 24 Stunden sollten Sie die Verdunstungsrate kontrollie-ren, indem Sie den Verdunster kurz herausnehmen, senkrecht hal-ten und die Skala ablesen. Es dürfen auf keinen Fall mehr als 35 ml pro Tag verdunsten! Sollte mehr verdunstet sein, muss der Docht gegen den nächstkleineren ausgetauscht werden. Eine Überdosie-rung kann die Bienen stark schädigen.

Wenn selbst beim größten Docht die erwünschte Verdunstungs-rate nicht erreicht wird, belassen Sie den Verdunster trotzdem im Volk. Es dauert dann entsprechend länger, bis die angegebene Menge Ameisensäure verdunstet ist. Die längere Zeit der Behandlung kom-pensiert die niedrigere Dosierung ein Stück weit.

Restentmilbung mit Oxalsäure

Oxalsäure ist – genau wie Ameisensäure – eine organische Säure, die auch natürlicherweise im Honig vorkommt. Aus ökologischer Sicht sind diese Mittel unbedenklich und für die Bio-Bienenhaltung zugelassen.

Ziel der Oxalsäurebehandlung ist die möglichst vollständige Besei-tigung der Varroamilben in der brutfreien Zeit im Winter, damit das Bienenvolk im nächsten Jahr mit wenigen Milben startet und eine kritische Milbenbelastung im Spätsommer möglichst gar nicht erst erreicht wird.

Während der Oxalsäurebehandlung sollte die Außentemperatur idealerweise in einem Bereich zwischen 0 und plus 5 Grad Celsius liegen. Je enger die Bienen sitzen, desto besser wirkt die Behandlung. Außerdem sollte es nicht regnen oder schneien, weil die Bienenkiste geöffnet werden muss. Sie sollten also den Witterungsverlauf ab

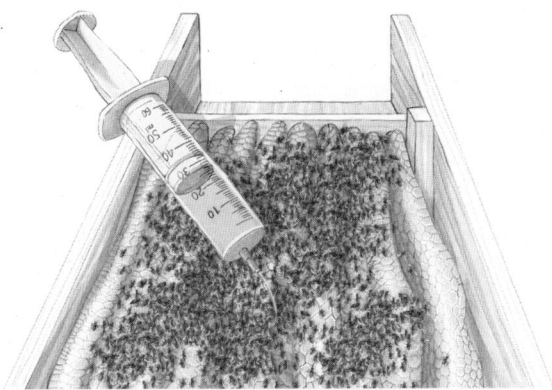

Möglichst viele Bienen sollten mit der Oxalsäurelösung benetzt werden. Feine Silikonspitzen auf der Spritze haben sich dabei bewährt.

November etwas genauer im Blick behalten, um einen optimalen Zeitpunkt für die Behandlung zu finden.

Sie benötigen Oxalsäure-Zucker-Lösung für den veterinärmedizinischen Einsatz *(ad us. vet.)*, eine Spritze (30 bis 60 ml, ist evtl. im Paket mit der Oxalsäurelösung bereits enthalten), heißes Wasser in einer Thermoskanne, ein Gefäß für das Wasserbad, Handschuhe und Schutzbrille.

Auch wenn die 3,5-prozentige Lösung kaum ätzend ist, sollten Sie sich mit einer Schutzbrille und Handschuhen vor Oxalsäurespritzern schützen und einen Eimer Wasser parat haben.

Lösen Sie den Zucker gemäß der Anleitung in der Oxalsäure-Wasser-Lösung. Er ist in der Packung separat enthalten und darf erst kurz vor der Behandlung der Oxalsäurelösung beigefügt werden, weil die fertige Lösung nicht lange haltbar ist.

Stellen Sie die Lösung nach Möglichkeit vor der Behandlung in ein heißes Wasserbad und erwärmen Sie die Oxalsäure etwas. Ziehen Sie die benötigte Menge Oxalsäure mit der Spritze auf.

Folgende Dosierungen werden empfohlen:
▷ starkes Volk (8 und mehr Wabengassen besetzt): 50 ml
▷ mittelgroßes Volk (6 bis 7 Wabengassen besetzt): 40 ml
▷ schwaches Volk (4 bis 5 Wabengassen besetzt): 30 ml

Tipp Wenn Sie eine feine Spitze auf den Stutzen der Spritze stecken, können Sie die Oxalsäure gleichmäßiger einbringen. Sie können die Säure feiner und gezielter verteilen und schneller arbeiten, als wenn Sie die Säure tröpfchenweise herausdrücken müssen. Die Silikonspitzen für die Aufzucht von kleinen Tieren (»Säugehilfen«) eignen sich hervorragend für diesen Zweck. Oxalsäurelösungen werden nur in größeren Verpackungseinheiten verkauft, die mindestens für die Behandlung von 10 Bienenvölkern reichen. Versuchen Sie sich mit anderen Bienenkisten-Imkern aus der Region oder Imkern des örtlichen Imkervereins abzusprechen und teilen Sie sich eine Packung.

Geben Sie von hinten durch das Rückbrett einen kurzen Rauchstoß in das Volk und kippen Sie die Bienenkiste zur Behandlung ganz um – legen Sie sie also auf das Dach – und nehmen Sie den Boden ab. Träufeln Sie die Oxalsäure-Lösung möglichst fein und gleichmäßig in die besetzten Wabengassen – also zwischen die Waben direkt auf die Bienen. Das Ziel soll sein, dass möglichst viele Bienen mit der Oxalsäure benetzt werden. Die Lösung trocknet schnell, und die Bienen verteilen die in ihrem Pelz hängen gebliebenen Oxalsäurekristalle über ihren sozialen Putztrieb weiter im Volk. Beim Träufeln müssen (und können) Sie nicht alle Bienen treffen. Aber je gleichmäßiger die Säure verteilt wird, desto schonender ist es für die Bienen und desto höher ist der Wirkungsgrad. Träufeln Sie lieber weniger und gehen dann noch ein zweites Mal die Wabengassen entlang, damit die Oxalsäure möglichst gleichmäßig verteilt wird.

Arbeiten Sie aber wegen der Kälte möglichst zügig, und lassen Sie die Bienenkiste nicht länger als fünf Minuten geöffnet.

Wenn Sie die genannten Punkte beachten, hat die Behandlung einen sehr hohen Wirkungsgrad und bildet eine optimale Voraussetzung dafür, dass die Bienen gesund durch das nächste Jahr kommen. Die Behandlung darf aber auf keinen Fall ein zweites Mal wiederholt werden! Das könnte zu einer Übersäuerung der Bienen führen und den Überwinterungserfolg ernsthaft gefährden.

Weisellosigkeit

Es kann in seltenen Fällen vorkommen, dass ein Bienenvolk keine gesunde Königin mehr hat. Die Jungkönigin kann beispielsweise auf ihrem Hochzeitsflug verloren gehen oder eine alte Königin stirbt außerhalb der Brutsaison und die Bienen können nicht mehr rechtzeitig für eine Nachfolgerin sorgen. Den Zustand, wenn das Bienenvolk keine eigene Option mehr hat, für eine neue Königin zu sorgen, nennt man »Weisellosigkeit«. Wenn eine gesunde Königin vorhanden ist, ist das Volk »weiselrichtig«.

Sie können die Weiselrichtigkeit in der Bienenkiste nur indirekt feststellen, da Sie die Königin im regulären Betrieb kaum zu Gesicht bekommen werden. Wenn Sie die Bienenkiste öffnen, verschwindet die Königin tief in den Wabengassen. Folgende Beobachtungen und Indizien können Ihnen helfen, den Weiselstatus Ihres Bienenvolkes zu bestimmen:

Ein weiselloses Bienenvolk wirkt unruhig. Das stetige Summen (leise im Winter und lauter im Sommer) klingt anders – fast wie ein »Brausen« oder »Heulen« – und Bienen gehen suchend am Flugloch auf und ab. Wenn dagegen bei gutem Wetter ein unermüdlicher Bienenflug mit emsigem Eintrag von Pollen zu beobachten ist, kann man ziemlich sicher davon ausgehen, dass das Bienenvolk weiselrichtig ist.

Von Ende April bis Ende August unterhalten die Bienen normalerweise ein ausgedehntes Brutnest. In dieser Zeit muss es problemlos möglich sein, verdeckelte Arbeiterinnen-Brutzellen zu sehen, wenn Sie die Bienenkiste öffnen und in die Wabengassen spähen. (siehe Seite 85, Frühjahrsdurchsicht). Wenn Sie Arbeiterinnen-Brutzellen entdecken können, wissen Sie, dass zumindest vor kurzem noch eine gesunde Königin im Volk war.

Es kann aber außer der Weisellosigkeit noch weitere Gründe geben, dass keine Brut zu sehen ist: Wenn das Bienenvolk hungert, reduziert es ebenfalls das Brutgeschäft. Stellen Sie daher sicher, dass immer genügend Futterreserven im Bienenvolk sind. Wenn Sie unsicher sind, sollten Sie die Bienenkiste wiegen (siehe Seite 106).

In der Zeit, wenn ein Bienenvolk umweiselt (also regulär eine alte Königin austauscht) ohne zu schwärmen oder geschwärmt ist, gibt es ebenfalls eine kurze Zeit, in der kaum Brut in den Waben vorhanden ist.

Wenn Sie Zweifel an der Weiselrichtigkeit haben, können Sie eine Weiselprobe machen: Schneiden Sie bei einem anderen Bienenvolk einen dreieckigen Wabenkeil (siehe Seite 142) aus einer Brutwabe heraus, die Eier und junge Larven enthält. Schneiden Sie bei dem betroffenen Bienenvolk aus einer zentralen Wabe ebenfalls einen Keil heraus, setzen Sie das Dreieck mit der »offenen Brut« in die Lücke ein und verbinden Sie es am Übergang durch vorsichtiges Zusammendrücken. Wenn Sie kein anderes Bienenvolk mit offener Brut haben, dann fragen Sie einen Imker aus der Nachbarschaft.

Wenn das Bienenvolk weisellos ist, wird es einige Arbeiterinnen- zellen, die junge Larven enthalten, nachträglich in Weiselzellen umbauen und ein paar sogenannte »Nachschaffungsköniginnen« heranziehen. Wenn Sie nach ein paar Tagen vorsichtig nachschauen, sehen Sie die charakteristischen Weiselzellen auf dem eingesetzten Stück Wabe (siehe Seite 95). Wenn keine Weiselzellen zu sehen sind, kann es sein, dass das Bienenvolk doch weiselrichtig ist oder dass die Weiselprobe nicht geklappt hat. Sie müssten das Volk also weiter beobachten und eventuell die Weiselprobe wiederholen.

Wenn Nachschaffungszellen zu sehen sind, ist der weitere Ablauf wie bei einem abgeschwärmten Muttervolk: Es wird eine junge Königin schlüpfen, den Hochzeitsflug machen und dann anfangen, im Volk Eier zu legen.

Wenn Sie sicher sind, dass das Bienenvolk weisellos ist, können Sie es auch mit einer begatteten Königin neu »beweiseln«. Königin- nen erhalten Sie von Züchtern oder vielleicht auch von einem Imker aus der Nachbarschaft. Sie werden sogar per Post verschickt. Wenn Sie unsicher sind, lassen Sie sich am besten von einem erfahrenen Imker dabei beraten.

Öffnen Sie zum Beweiseln die Bienenkiste, geben Sie kräftig Rauch und lassen Sie die Königin von hinten in die Kiste hineinlaufen. Schließen Sie die Bienenkiste sofort wieder und stören Sie die Bienen ein paar Tage nicht. Falls das Bienenvolk gar nicht weisellos ist oder wenn beim Einweiseln zu viel Unruhe herrscht, wird die neue Königin getötet werden.

Durchfallerkrankungen

Ballaststoffreicher Winterhonig (z. B. Waldhonig) oder häufige Störungen der Winterruhe können zu der Durchfallerkrankung »Ruhr« führen. Sie erkennen das an stark verkoteten Kistenwänden, besonders im Bereich des Stirnbretts. In gravierenden Fällen sind auch Waben und Innenwände verkotet. Ähnliche Symptome können aber auch auf *Nosematose* hinweisen. Diese von einzelligen Kleinsporentierchen ausgelöste Krankheit tritt zumeist im Frühjahr nach Schlechtwetterperioden auf. Die Kotspuren haben in diesem Fall eher das Aussehen einer Kette von Punkten.

Wenn das Volk nicht zu stark geschwächt ist, wird es sich im Laufe des Frühjahrs von alleine erholen. Bei *Nosematose* kann eine Fütterung der Bienen im Frühjahr die Selbstheilung beschleunigen.

Wenn die Bienenkiste auch von innen stark verkotet ist, wäre es ratsamer, die Bienen aus der Bienenkiste zu entnehmen, die Kiste zu reinigen und mit neuen Trägerleisten auszustatten (siehe Seite 123, Bauerneuerung). Wenn Sie eine zweite leere Bienenkiste haben, könnten Sie einen Teil der mit Brut belegten Waben erhalten, sofern diese nicht verkotet sind, und zusammen mit den Bienen und weiteren neuen Trägerleisten direkt in die neue Kiste einsetzen.

Amerikanische Faulbrut

Amerikanische Faulbrut ist eine hoch ansteckende, meldepflichtige Brutkrankheit. Wenn sie bei einem Bienenstand in Ihrer Nähe ausgebrochen ist, wird der Veterinär oder Bienensachverständige bei Ihnen eine »Futterkranzprobe« anordnen. Unabhängig davon ist es ratsam, mindestens alle drei Jahre eine Probe zu nehmen, um sicher

---

Wabenkeil

Wenn in dringenden Fällen eine Futterkranzprobe entnommen werden muss, während noch Waben im Honigraum sind oder wenn der Veterinär eine Probe »näher am Brutnest« haben möchte, müssen Sie am Rand des Brutnestes einen sogenannten »Wabenkeil« herausschneiden:

Schneiden Sie dazu in der Nähe des Brutnestes mit dem Stockmeißel oder Messer zweimal im Abstand von etwa 10 cm schräg von der Wabenunterkante aus in Richtung Trägerleiste, und zwar so, dass Sie ungefähr am gleichen Punkt an der Trägerleiste ankommen und ein Dreieck herausgeschnitten haben (lange Seite an der Wabenunterkante, Spitze an der Trägerleiste).

---

zu sein, dass die eigenen Bienen nicht belastet sind. Der beste Zeitpunkt dafür liegt vor Beginn der Bienensaison im April oder nach der Honigernte im August/September.

Sie benötigen dazu ein Honigglas, zwei Haushaltsbeutel (Gefrierbeutel oder Ähnliches), einen sauberen Esslöffel und einen Eimer mit Wasser und Lappen.

Öffnen Sie die Bienenkiste, entnehmen Sie das Trennschied und geben Sie von hinten kräftig Rauch. Wählen Sie eine bebrütete Wabe aus dem Zentrum aus, die schon etwas dunkler ist und Honig enthält. Schneiden Sie mit dem Stockmeißel oder einem Messer 10 bis 20 cm von hinten parallel zur Trägerleiste in die Wabe. Lassen Sie an der Leiste etwa 1 bis 2 cm der Wabe stehen. Dann schneiden Sie das Wabenstück mit einem senkrechten Schnitt heraus, sodass Sie ein rechteckiges Stück Wabe gewinnen. Die aufsitzenden Bienen werden vorsichtig abgefegt. Gehen Sie in der Bienenkiste an den beiden Schnittflächen noch einmal schräg mit dem Stockmeißel entlang und spitzen Sie sie etwas an, damit die Bienen einen guten Ansatzpunkt haben, um die Wabe an dieser Stelle wieder weiterzubauen.

Stecken Sie nun einen Haushaltsbeutel in das Honigglas und ziehen Sie die Ränder außen über das Glas. So ist es einfacher, den Honig sauber in den Beutel zu füllen. Kratzen Sie mit dem Esslöffel den Honig aus dem Wabenstück und lassen ihn in die Tüte tropfen. Es ist kein Problem, dass dabei auch Wachsstückchen in die Honigprobe gelangen. Sie können aus bis zu sechs Völkern eine gemeinsame Sammelprobe anfertigen. Die Gesamtmenge des Honigs sollte mehrere Esslöffel Honig betragen. Wenn Sie also mehrere Völker beproben, dann können Sie pro Volk kleinere Wabenstücke herausschneiden. Bei sechs Völkern würde man z. B. pro Volk nur etwa einen Esslöffel Honig benötigen. Nehmen Sie den Beutel aus dem Glas und knoten ihn fest zu. Stecken Sie ihn in einen zweiten Beutel und knoten Sie diesen ebenfalls zu. Auf den Beutel kommt ein Aufkleber mit folgenden Angaben:

▷ Anzahl der Bienenvölker bei Sammelprobe,

▷ Standort der Völker,

▷ gegebenenfalls Registriernummer Ihrer Bienenvölker bei der Veterinärbehörde,

▷ Ihr Name und Ihre Anschrift.

Den Beutel schicken Sie mit einem formlosen Anschreiben an die bei Ihnen zuständige Stelle (Veterinärbehörde, Gesundheitsamt, Länderbieneninstitut – erkundigen Sie sich bei der Veterinärbehörde oder dem örtlichen Imkerverein). Bitten Sie um »eine Untersuchung auf den Erreger der Amerikanischen Faulbrut (Sporenbelastung)«. Wiederholen Sie in Ihrem Brief auch die auf dem Aufkleber gemachten Angaben. Manche Behörden haben dafür auch ein Formular. Die Untersuchung kostet etwa 15 bis 20 €. Das Ergebnis der Untersuchung wird Ihnen schriftlich mitgeteilt.

Wabenbruch vermeiden

Im ersten Jahr, wenn das Wabenwerk noch frisch und das Bienenvolk noch klein ist, kann es bei sehr hohen Tagestemperaturen passieren, dass Honigwaben aufgrund ihres Eigengewichts abreißen. Die Bienenkiste benötigt daher unbedingt eine Abdeckung mit Unterlüftung, sodass das Dach nicht direkt von der Sonne bestrahlt werden kann. Eine halbschattige Aufstellung der Kiste – z. B. neben einem Baum – ist ebenfalls von Vorteil, um eine Überhitzung zu vermeiden. Im zweiten Jahr, wenn das Wabenwerk schon bebrütet worden ist und das Bienenvolk den gesamten Raum in Besitz genommen hat, kann es den Innenraum besser klimatisieren, und es ist eher unwahrscheinlich, dass Waben abreißen.

Wenn Sie den Boden das erste Mal abnehmen wollen, sollten Sie vorher von hinten kontrollieren, ob Waben am Boden angebaut sind. Falls das der Fall ist, sollten Sie vor dem Öffnen entweder von hinten mit einem langen Messer oder mit einem Draht, den Sie zwischen Boden und Korpus hindurchziehen, die Waben vom Boden lösen.

Falls es Wachsreste am Boden gibt, sollten Sie diese vor dem Schließen der Kiste abkratzen. Nachdem Sie die Bienenkiste ein paar Mal geöffnet haben, ist es zunehmend unwahrscheinlich, dass Waben am Boden angebaut werden.

Wenn trotz dieser Vorkehrungen einmal ein Stück Wabe abgerissen sein sollte, müssen Sie es möglichst sofort entfernen, damit es nicht von den Bienen mit den anderen Waben verbaut wird. Nehmen Sie den Boden ab, fegen Sie vorsichtig eventuell aufsitzende Bienen vom Wabenstück und lösen Sie es mit dem Stockmeißel oder einem Messer vom Boden. Passen Sie auf, dass dabei kein Honig außerhalb der Bienenkiste verkleckert wird.

Sie können den Honig der abgerissenen Wabe entweder selbst verzehren oder das Wabenstück in einer Schale in den hinteren Raum legen, sodass die Bienen den Honig herausholen und umtragen können.

Tipp Man kann mit Honig gefüllte Wabenstücke nicht gut anfassen, weil sie zugleich schwer und weich sind und dadurch leicht zerdrücken. Wenn Sie ein Wabenstück aus der Bienenkiste entnehmen wollen, ist eine einfache Grillzange aus Holz eine gute Hilfe.

Ein Geschenk

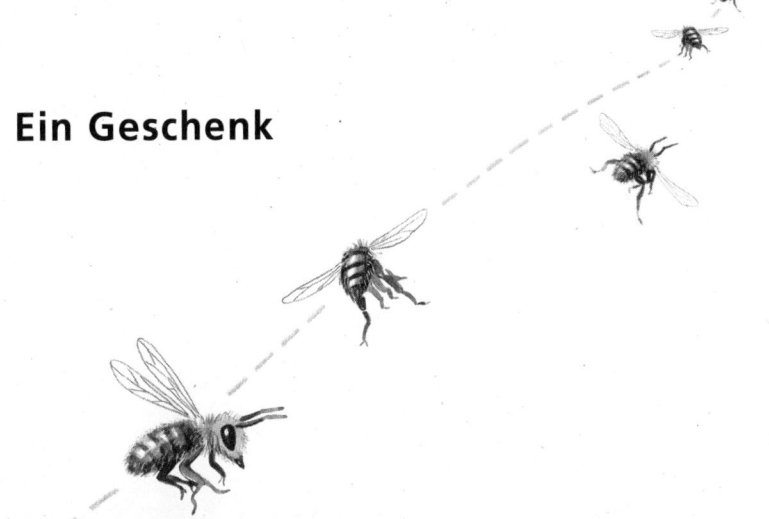

Wenn Sie die Ratschläge und Arbeitsschritte aus diesem Buch beherzigen, können Sie ziemlich sicher sein, dass die Bienenhaltung in der Bienenkiste gut gelingen wird. Wir haben über Jahre diese Betriebsweise entwickelt und erprobt. Auch wenn sie zum Teil erheblich von der Bienenhaltung in Magazin-Bienenkästen abweicht, entspricht sie modernen Erkenntnissen über Biologie und Bedürfnisse der Honigbiene.

Durch die Betreuung von zahlreichen Anfängern weiß ich, was am Anfang alles schiefgehen kann. Daher möchte ich Ihnen am Ende dieses Buches noch einmal folgende Punkte ans Herz legen, die für einen guten Start mit der Bienenkiste wichtig sind:

▷ Halten Sie sich genau an die Bauanleitung und wandeln Sie diese nicht ab. Stellen Sie sicher, dass die Trägerleisten in der Bienenkiste nicht aus der Halterung fallen können.

▷ Starten Sie nach Möglichkeit mit einem Naturschwarm. Kunstschwärme haben nicht die gleiche Vitalität und Dynamik.

▷ Besiedeln Sie die Bienenkiste nicht nach Ende Juni.

▷ Führen Sie die empfohlene wöchentliche Schwarmkontrolle im Mai und Juni regelmäßig durch, um das Schwarmgeschehen sinnvoll begleiten zu können.

▷ Nehmen Sie das Varroaproblem ernst! Kontrollieren Sie den Varroabefall und behandeln Sie gemäß der Anleitung.

▷ Sorgen Sie dafür, dass Ihr Bienenvolk ausreichend Futter für den Winter hat.

▷ Achten Sie darauf, die richtigen Zeitpunkte für die jeweils anstehenden Arbeiten nicht zu verpassen.

Bienen sind für mich besondere Wesen in Gottes Schöpfung: Sie schenken uns mit Honig und Wachs Süße und Licht. Ist Ihnen schon einmal aufgefallen, dass der Geschmack der Bienen und der Menschen sehr ähnlich ist? Was für Bienen gut riecht, riecht auch für Menschen gut, und was wir schön finden, ist auch für Bienen schön. Denken Sie nur an die Vielfalt und den Duft der Blumen und Blüten. Obwohl uns Bienen als Insekten eigentlich sehr fremd sein müssten, stehen sie uns dadurch sehr nah.

Alle Bienenprodukte sind auch Heilmittel. Die Biene sammelt Honig, ohne dabei etwas zu zerstören. Sie stiftet sogar noch einen Nutzen. Mit ihrer unermüdlichen Bestäubungstätigkeit ermöglicht sie unser aller Leben, denn ohne Bestäubung gäbe es keine Nahrungsmittel.

Der Bien ist ein sehr selbstständiges Wesen, das sein Leben selbst organisieren kann und genau weiß, was es will. Ich glaube, dass Bienenhaltung dann gut gelingt, wenn wir dies respektieren und auch nur das von den Bienen nehmen, was sie uns »gerne geben« – die Überschüsse.

Wenn wir uns klarmachen, wie sehr wir von den Bienen beschenkt werden, dann ist die einzig angemessene Art, Honigüberschüsse weiterzugeben, sie ebenfalls zu verschenken.

In diesem Sinne wünsche ich Ihnen, dass Sie durch die Beschäftigung mit den Bienen reich beschenkt werden und andere beschenken können.

Ihr Erhard Maria Klein

Anhang

Der Autor

Erhard Maria Klein lebt und imkert in Hamburg. Er ist Projektleiter der Initiative »Die Bienenkiste« des ökologischen Imkerverbands Mellifera e.V. Gemeinsam mit Imkermeister Thomas Radetzki hat er die Bienenkiste entwickelt, um wieder mehr Menschen für die Bienenhaltung zu begeistern. Er betreut das Internetportal *www.bienenkiste.de,* das neben praktischem Wissen auch Bienenschwärme vermittelt und für eine regionale Vernetzung von Bienenkisten-Imkern und Imkerlotsen sorgt. Hauptberuflich erstellt und realisiert er Internetauftritte für kirchliche Einrichtungen und Nichtregierungsorganisationen.

Sachindex

Adressen und weiterführende Informationen

Mellifera e.V. – Vereinigung für wesensgemäße Bienenhaltung
Lehr- und Versuchsimkerei Fischermühle
72348 Rosenfeld
www.mellifera.de

Projekt »Die Bienenkiste«
Kielkamp 35
22761 Hamburg
www.bienenkiste.de

Deutscher Imkerbund e.V.
Villiper Hauptstraße 3
53343 Wachtberg
www.deutscherimkerbund.de

Bayerische Landesanstalt für Weinbau und Gartenbau – Fachzentrum Bienen
An der Steige 15
97209 Veitshöchheim
www.lwg.bayern.de/bienen

Österreichischer Imkerbund
Georg-Coch-Platz 3/11a
1010 Wien
www.imkerbund.at

Verein deutschschweizerischer und rätoromanischer Bienenfreunde (VDRB)
Oberbad 16
9050 Appenzell
www.vdrb.ch

Informationen im Internet

Umfangreiches Informationsportal
zur Bienenkiste:
www.bienenkiste.de

Fotogalerien
www.bienenkiste.de/fotos ....

Vermittlung von Bienenschwärmen: www.schwarmboerse.de
Bienenweide: www.bluehende-landschaft.de
Bienenkiste kaufen (Bausatz und komplett):
www.bienenkiste.de/kaufen
Selbstbau: www.bienenkiste.de/teileliste

Varroadiagnose mit Puderzucker:
www.bienenkiste.de/varroadiagnose
Nassenheider Verdunster: www.nassenheider.com
Schadstoffbelastung im Stadthonig: www.bienenkiste.de/stadthonig

Bezugsquellen

Adressen vom Imkerfachhandel:
www.bienenkiste.de/imkerfachhandel ....

Ameisensäure, Oxalsäure:
Bezug über Apotheke, Tierarzt oder Imkervereine

Zum Weiterlesen

Wolf Richard Günzel: **Lebensräume schaffen,** pala-verlag

Matthias Lehnherr: **Imkerbuch.** Der süßeste aller Stoffe.
Der sozialste aller Staaten. Ein Jahr mit Bienenvolk und Imker,
Aristaios-Verlag

Armin Spürgin: **Die Honigbiene.** Vom Bienenstaat zur Imkerei,
Verlag Eugen Ulmer

Jürgen Tautz: **Phänomen Honigbiene,** Spektrum Akademischer
Verlag

Zum Betrachten

Video-Clips
www.bienenkiste.de/videos ....

*Ein besonderes Erlebnis: Einzug der Bienen in ihr neues Heim
(Foto F. Berghausen)*

Ihre Erlebnisse und Erfahrungen ...

... interessieren uns sehr.

Liebe Leserin, lieber Leser, wir sind gespannt, welche Erfahrungen Sie mit der Bienenkiste machen und warum Sie sich für die wesensgemäße Bienenhaltung interessieren.

Wenn Sie bereits eine Bienenkiste haben, schicken Sie uns doch einfach ein Foto Ihrer Bienenkiste in Ihrem Garten, auf Ihrer Wiese oder Terrasse und schreiben Sie uns, was Sie mit den Bienen erleben.

Besonders interessiert uns, was Sie motiviert hat, selbst mit der Bienenhaltung zu beginnen und woher Sie Ihren ersten Bienenschwarm bekommen haben. Wichtig wäre uns auch, zu erfahren, wo Sie Unterstützung durch erfahrene Imker gefunden haben – bei einem anderen Bienenkistenimker, im örtlichen Imkerverein oder einem Bienenhalter in der Nachbarschaft.

Als Dankeschön für die Zusendung eines Fotos erhalten Sie ein Buch aus unserem Programm (bitte gewünschten Titel angeben).

Wir freuen uns über Ihre Anregungen, Ideen und Kritik!

Unsere Adresse:
pala-verlag, Rheinstraße 35, 64283 Darmstadt
www.pala-verlag.de
E-Mail: info@pala-verlag.de

Wolf Richard Günzel:
Das Insektenhotel
ISBN: 978-3-89566-300-0

Wolf Richard Günzel:
Der hummelfreundliche Garten
ISBN: 978-3-89566-276-8

Uwe Westphal:
**Hecken – Lebensräume
in Garten und Landschaft**
ISBN: 978-3-89566-296-6

Werner David:
Lebensraum Totholz
ISBN: 978-3-89566-270-6

Irmela Erckenbrecht:
Die Kräuterspirale
ISBN: 978-3-89566-290-4

Ulrike Aufderheide:
Rasen und Wiesen
im naturnahen Garten
ISBN: 978-3-89566-274-4

Natalie Faßmann:
Auf gute Nachbarschaft
ISBN: 978-3-89566-257-7

Thomas Lohrer:
Marienkäfer, Glühwürmchen,
Florfliege & Co.
ISBN: 978-3-89566-277-5

Jutta Grewe:
Vegetarisches aus Omas Küche
ISBN: 978-3-89566-294-2

Irmela Erckenbrecht:
Querbeet
ISBN: 978-3-89566-279-9

Ulla Grall:
**Bohnen – vom Garten
in die Küche**
ISBN: 978-3-89566-298-0

Jutta Grimm:
Vegetarisch grillen
ISBN: 978-3-89566-301-7

Gesamtverzeichnis bei:
pala-verlag, Rheinstraße 35, 64283 Darmstadt, www.pala-verlag.de

Wir engagieren uns noch stärker für den Klimaschutz!

Seit mehr als 15 Jahren drucken wir unsere Bücher weitestgehend auf Recyclingpapier und versuchen damit, eine ressourcenschonende und umweltfreundliche Buchproduktion zu ermöglichen.

In den letzten Jahren ist der Klimawandel mit seinen weitreichenden Folgen für uns und vor allem unsere nachfolgenden Generationen immer mehr zum Thema geworden. Die Auswirkungen sind bereits jetzt spürbar – Wetterextreme, sich verschiebende Jahreszeiten, Erderwärmung. Auch wenn diese Entwicklungen nicht mehr völlig aufzuhalten sind, müssen wir – auch als Verlag – aktiv werden.

Die *freiburger graphische betriebe,* die Druckerei, in der unsere Bücher produziert werden, beteiligen sich an der Klimainitiative der Druck- und Medienverbände Deutschland und bieten die Möglichkeit, Buchproduktionen klimaneutral herstellen zu lassen. »Klimaneutral« bedeutet den Ausgleich von Treibhausgasen bzw. die Neutralisation durch die Einsparung einer bestimmten CO_2-Menge an anderer Stelle. Da die Wirkungen des Treibhauseffektes global schädigen, ist es irrelevant, an welchem Ort der Welt Emissionen entstehen und wo sie dann letztendlich eingespart werden. Der gesamte Prozess des Ausgleiches von Treibhausgasen basiert auf dem Kyoto-Protokoll von 1997.

Wir haben nun die Möglichkeit, für jedes Druckprodukt den genauen Wert des CO_2-Ausstoßes, der auf den Produktionsprozess in der Druckerei und deren Materialeinsatz zurückzuführen ist, zu ermitteln. Mit Hilfe eines vom Bundesverband der deutschen Druckindustrie entwickelten Rechners, mit dem viele Faktoren erfasst werden – Energieverbrauch, Farbe, Papier, Transportwege oder Einsatz von Personal – wird am Ende der Buchproduktion ein Wert ermittelt, der die relevante Wertschöpfungskette für die technische Herstellung des Buchs umfasst und den durch die Produktion verursachten CO_2-Ausstoß nachweist.

Für diesen Wert bezahlen wir als Verlag einen Ausgleich, der dann in anerkannte und zertifizierte Klimaschutzprojekte fließt. Die Zertifizierung erfolgt durch die Organisation *firstclimate* (www.firstclimate.com) und wird durch das Logo »Print CO_2 kompensiert« angezeigt.

Die aus dem Druck dieses Buchs resultierende Klimaabgabe fließt in ein Windparkprojekt in der Marmara-Region in der Türkei.
Das Projektgebiet liegt in der Marmara-Region an einem Höhenrücken etwa 350 m über Meereshöhe, nahe der Dörfer Elbasan und Çatalca unweit Istanbuls. Im Rahmen des Projekts werden 20 Windenergieanlagen mit einer Nennleistung von je 3 MW errichtet.

ISBN: 978-3-89566-309-3
© 2012: pala-verlag,
Rheinstraße 35, 64283 Darmstadt
www.pala-verlag.de
3. Auflage 2013
Alle Rechte vorbehalten

Umschlag- und Innenillustrationen:
Karin Bauer (www.karin-bauer.com)
Technische Zeichnungen nach 3-D-Modell von Christoph Heeckt

Lektorat: Barbara Reis

Satz und Gestaltung: Verlag die Werkstatt, Göttingen
www.werkstatt-verlag.de

Druck und Bindung: fgb • freiburger graphische betriebe
www.fgb.de
Printed in Germany

Dieses Buch ist auf Papier aus
100 % Recyclingmaterial gedruckt
und klimaneutral produziert.